中国食品安全网络舆情发展报告「2012」

Introduction to 2012 China Development Report on Online Public Opinion of Food Safety

吴林海　黄卫东　等著

人　民　出　版　社

目　录

序　言（刘大椿）……………………………………… 1

导　论

一、时代的困惑 ……………………………………… 2

二、研究的指向 ……………………………………… 3

三、《报告》的关注 …………………………………… 4

四、研究内容 ………………………………………… 5

五、研究方法 ………………………………………… 12

六、研究路线 ………………………………………… 14

七、研究结论 ………………………………………… 16

第一章　食品安全网络舆情概述

1.1 食品安全网络舆情的内涵 ……………………… 20

1.1.1 舆情与网络舆情的内涵 ……………………… 21

1.1.2 食品安全网络舆情的内涵 …………………… 23

1.2 食品安全网络舆情的构成要素………………… 24

1.2.1 主体 …… 24
1.2.2 客体——食品安全公共事件 …… 29
1.2.3 载体 …… 31
1.2.4 时空因素 …… 36
1.2.5 情绪、意愿、态度和意见 …… 38
1.2.6 构成要素关系 …… 42
1.3 食品安全网络舆情的主要特点 …… 43
1.3.1 信息不对称性 …… 43
1.3.2 波及面广泛 …… 45
1.3.3 极化现象明显 …… 45
1.3.4 信息混杂 …… 47
1.3.5 交互分布不均 …… 48
1.3.6 突发性 …… 49
1.3.7 即时性突出 …… 49

第二章 食品安全网络舆情的生成机制

2.1 食品安全网络舆情的缘起与生成特征 …… 52
2.1.1 直接诱因：食品安全事件扎堆出现 …… 53
2.1.2 现实逻辑：公众不安全感的集体释放 …… 55
2.1.3 根本原因：网络平台上的碎片化语境 …… 56
2.1.4 间接原因：监管部门治理不善 …… 58
2.1.5 隐匿原因：网络霸权悄然滋生 …… 61
2.1.6 食品安全网络舆情的生成特征 …… 64
2.2 食品安全网络舆情的生成模式 …… 67
2.2.1 食品安全网络舆情的生成效应 …… 68

2.2.2 食品安全网络舆情的生成机理 …………………… 77
2.3 食品安全网络舆情生成的分析方法…………………… 82
2.3.1 网络海量信息抓取技术 …………………………… 83
2.3.2 自然语言处理技术 ………………………………… 85
2.3.3 主题检测与跟踪技术 ……………………………… 86
2.3.4 基于Web的文本挖掘技术 ………………………… 89

第三章 食品安全网络舆情的传播机制

3.1 食品安全网络舆情的传播媒介 …………………… 93
3.1.1 单向传播媒介 ……………………………………… 93
3.1.2 双向传播媒介 ……………………………………… 95
3.1.3 即时互动传播媒介 ………………………………… 97
3.2 食品安全网络舆情的传播路径……………………… 98
3.2.1 人际传播—群体传播—大众传播 ………………… 99
3.2.2 群体传播—大众传播—人际传播 ………………… 101
3.2.3 大众传播—群体传播—人际传播 ………………… 103
3.2.4 食品安全网络舆情传播的基本路径 ……………… 107
3.3 食品安全网络舆情的传播特征 …………………… 108
3.3.1 传播者视角 ………………………………………… 108
3.3.2 传播内容视角 ……………………………………… 110
3.3.3 传播效果视角 ……………………………………… 112
3.4 食品安全网络舆情的传播规律 …………………… 114
3.4.1 危机信息传播理论 ………………………………… 115
3.4.2 复杂网络理论 ……………………………………… 116
3.4.3 疾病传播理论 ……………………………………… 120

第四章　食品安全网络舆情的预警与引导机制

4.1 食品安全网络舆情预警的概念与基本特征…………………… 125

4.1.1 食品安全网络舆情预警的概念 ……………………… 125

4.1.2 当前食品安全网络舆情的发展态势 ………………… 125

4.1.3 食品安全网络舆情预警的基本特征 ………………… 127

4.2 食品安全网络舆情预警的基本环节……………………………… 130

4.2.1 食品安全网络舆情信息的汇集 ……………………… 130

4.2.2 食品安全网络舆情信息的分析 ……………………… 132

4.2.3 食品安全网络舆情预警等级评定 …………………… 135

4.2.4 食品安全网络舆情报告写作 ………………………… 136

4.3 食品安全网络舆情预警机制的运行保障………………………… 136

4.3.1 食品安全网络舆情预警机制的建立原则 …………… 136

4.3.2 预警机制的组织体系 ………………………………… 138

4.3.3 预警机制的制度体系 ………………………………… 139

4.4 食品安全网络舆情引导的技术路径……………………………… 140

4.4.1 保证信息安全 ………………………………………… 140

4.4.2 采用内容分级技术 …………………………………… 142

4.4.3 采用信息过滤技术 …………………………………… 144

4.4.4 建立数字化预案库 …………………………………… 147

4.4.5 增进技术交流合作 …………………………………… 147

4.5 食品安全网络舆情引导的政策路径……………………………… 148

4.5.1 相关媒体要注重对食品安全事件的网络报道 …… 148

4.5.2 加强对新型网络交互空间的引导 …………………… 150

4.5.3 建立食品安全网络舆情监管体系和联动应急机制… 154

4.5.4 增加信息透明度，减少食品安全网络舆情炒作 … 155

4.5.5 提高网络从业人员的科学素养………………………… 157
4.5.6 公众及网民信息素养和社会责任感的提升………… 158

第五章 2011年食品安全网络舆情的考察报告

5.1《考察报告》的相关说明……………………………………… 161
5.1.1 数据的主要来源 …………………………………… 162
5.1.2 数据的统计时间 …………………………………… 162
5.1.3 研究的主要范围 …………………………………… 162
5.2 2011年发生的食品安全主要热点网络舆情事件………… 162
5.2.1 食品安全主要热点网络舆情事件的范围 ………… 163
5.2.2 2009—2011年间食品安全主要热点网络舆情事件的比较……………………………………………… 163
5.2.3 2011年食品安全主要热点网络舆情事件的性质特征 ……………………………………………… 166
5.3 2011年食品安全主要热点网络舆情事件的热度分析…… 168
5.3.1 热度分析的计算方法 ……………………………… 169
5.3.2 热度的等级分类 …………………………………… 169
5.4 2011年食品安全主要热点网络舆情事件的地域分布…… 175
5.4.1 发达地区的特征 …………………………………… 175
5.4.2 一般地区的特征 …………………………………… 176
5.4.3 偏远地区的特征 …………………………………… 177
5.5 2011年食品安全主要热点网络舆情事件的基本特征…… 177
5.5.1 非法添加和造假事件成为关注重点 ……………… 177
5.5.2 共性问题成为关注的核心 ………………………… 178
5.5.3 外国在华快餐行业爆发的食品安全事件成为新

热点 …………………………………………………… 178
5.5.4 品牌食品企业更容易成为关注的焦点 ……………… 179
5.5.5 网络舆情成为公众参与的重要平台 ……………… 180
5.5.6 网络舆情的负面效应逐步凸显 ……………… 181
5.6 食品安全网络舆情体系中主要网络媒介的舆论强度…… 182
5.6.1 微博成为公民参与网络舆情的重要工具 ………… 182
5.6.2 媒体融合，共同打造监督平台 ……………… 183
5.6.3 专业网站凸显纵深力量 ……………… 184
5.6.4 网络社群发展迅猛 ……………… 185

第六章 食品安全网络舆情的公众调查报告

6.1 调查说明与受访者特征 …………………………………… 187
6.1.1 调查的组织 ……………………………………… 187
6.1.2 受访者特征分析 ……………………………… 188
6.2 食品安全网络舆情的真实性评价与影响程度分析……… 190
6.2.1 食品安全网络舆情信息的真实性 ……………… 190
6.2.2 现阶段网络舆情描述的食品安全现状的真实性 … 191
6.2.3 最信任的食品安全网络信息发布途径 ………… 191
6.2.4 对官方与非官方发布的食品安全网络信息的
信任度比较……………………………………… 193
6.2.5 食品安全网络舆情的影响程度 ……………… 194
6.3 食品安全网络舆情的参与性……………………………… 194
6.3.1 对网络舆情中的食品安全负面报道的参与行为 … 195
6.3.2 对食品安全网络舆情中热门事件的参与行为 …… 195
6.3.3 对食品安全网络舆情持不同看法时的参与行为 … 196

6.3.4 对政府保护网民食品安全网络舆情参与行为的评价 197
6.3.5 对政府对于网络上出现的批评性帖子采取相关行为的评价 …………………………………… 198
6.4 对政府食品安全网络信息真实性与运用网络能力的评价 198
6.4.1 重大食品安全网络舆情发生时政府发布信息的真实性……………………………………… 199
6.4.2 政府公开食品安全事件敏感信息的透明度………… 199
6.4.3 重大食品安全网络舆情出现后政府反应的敏捷性… 200
6.4.4 政府通过网络及时发布食品安全预警信息的能力… 201
6.4.5 政府引导食品安全网络舆情的能力 ………………… 201
6.4.6 政府对食品安全网络舆情中普遍关注问题的反馈情况 …………………………………………… 202
6.5 对政府管理食品安全网络舆情的建言…………………… 203
6.5.1 回答普遍性的批评政府言论 ……………………… 203
6.5.2 通过网络就食品安全网络舆情中的突出问题与网民交流……………………………………………… 203
6.5.3 设立专门的食品安全网络舆情新闻发言人 ……… 204
6.5.4 对网民网络言论的管理……………………………… 205
6.5.5 对受普遍质疑的食品质量安全问题的调查与结论处理 …………………………………………… 206
6.6 主要结论…………………………………………………… 206
6.6.1 食品安全网络舆情具有重要的影响力 …………… 207
6.6.2 网民参与食品安全网络舆情中敏感问题的行为比较理智……………………………………………… 207
6.6.3 对政府发布的食品安全网络信息真实性与运用网络能力的评价并不高……………………………… 207

6.6.4 受访者对政府的能力建设要求也不高 …………… 208

第七章　公众食品安全网络舆情参与度的研究报告

7.1 食品安全网络舆情可能产生的负面影响与政府责任…… 209
7.1.1 食品安全网络舆情可能产生的负面影响 ………… 210
7.1.2 政府责任与目前在热点食品安全网络舆情事件中的适度反应能力评价 ………………………… 212
7.1.3 本章的研究视角 ……………………………………… 214
7.2 数据来源与研究方法 ……………………………………… 216
7.2.1 问卷设计 ……………………………………………… 216
7.2.2 研究方法 ……………………………………………… 216
7.3 结果分析 …………………………………………………… 220
7.3.1 网民对食品安全网络舆情的态度 ………………… 220
7.3.2 聚类分析与不同类型网民的个体特征 …………… 222
7.4 主要结论与政策含义……………………………………… 225

第八章　食品安全网络舆情与公众食品安全恐慌行为的分析报告

8.1 研究视角 …………………………………………………… 228
8.2 理论框架与研究假设……………………………………… 230
8.2.1 计划行为理论与结构方程模型 …………………… 230
8.2.2 研究假设 ……………………………………………… 232
8.3 研究的具体设计…………………………………………… 236
8.3.1 样本选取 ……………………………………………… 236
8.3.2 问卷设计 ……………………………………………… 236
8.3.3 受访者基本特征 ……………………………………… 239

8.3.4 公众的恐慌行为 …………………………………… 240
8.4 假设模型的验证…………………………………… 241
8.4.1 信度检验 …………………………………… 241
8.4.2 因子分析法与变量指标确定 …………………… 242
8.4.3 信效度检验与假设模型修正 …………………… 243
8.4.4 参数检验与拟合评价 ………………………… 245
8.5 主要结论、政策含义与展望 ………………………… 250
8.5.1 主要结论 …………………………………… 250
8.5.2 政策含义 …………………………………… 251
8.5.3 局限性与研究展望 …………………………… 252

主要参考文献 ……………………………………… 253
后 记 ……………………………………………… 261

图的目录

图 0—1 研究框架 …………………………………………………… 15
图 1—1 食品安全网络舆情构成要素关系图……………………… 43
图 2—1 沉默的螺旋效应生成模式………………………………… 69
图 2—2 蝴蝶效应生成模式………………………………………… 73
图 2—3 传统媒体时代的舆论生成模式…………………………… 78
图 2—4 Web 2.0 时代的舆论生成模式 ………………………… 79
图 2—5 3G 时代的网络舆情生成模式 ………………………… 80
图 2—6 蒙牛冰激凌代加工厂舆情事件中微博与新闻的
走势图…………………………………………………… 81
图 2—7 网络信息搜集与动态发布机制…………………………… 84
图 2—8 SOM 网络的典型拓扑结构 …………………………… 85
图 3—1 人际传播—群体传播—大众传播路径图……………… 101
图 3—2 群体传播—大众传播—人际传播路径图……………… 103
图 3—3 大众传播—群体传播—人际传播路径图……………… 107
图 3—4 食品安全网络舆情的传播路径图……………………… 108
图 3—5 Fiona Duggan 和 Linda Banwell 的危机信息传播模式 115

图 3—6 香农和韦弗的危机信息传播模式…………………… 116
图 3—7 SIS 模型演化规律示意图 ……………………………… 121
图 3—8 SIR 模型演化规律示意图 ……………………………… 122
图 3—9 SIRS 模型演化规律示意图 …………………………… 122
图 5—1 2011 年食品安全主要热点网络舆情事件的性质
特征构成…………………………………………………… 167
图 5—2 2011 年食品安全网络舆情事件热度等级分类与
比例………………………………………………………… 170
图 5—3 2011 年食品安全主要热点网络舆情事件的地域
分布(中国大陆范围) ………………………………… 175
图 5—4 双汇“瘦肉精”事件舆论走势图…………………………… 180
图 6—1 食品安全网络舆情信息的真实性评价……………… 191
图 6—2 现阶段网络舆情描述的食品安全现状真实性评价… 192
图 6—3 受访者最信任的食品安全网络信息发布途径……… 192
图 6—4 受访者对官方与非官方发布的食品安全网络信
息信任度的比较………………………………………… 193
图 6—5 受访者受食品安全网络舆情的影响程度…………… 194
图 6—6 受访者对网络舆情中出现的食品安全负面报道的
参与行为…………………………………………………… 195
图 6—7 受访者对食品安全网络舆情中热门事件的参与行为 196
图 6—8 受访者对食品安全网络舆情持不同看法时的参与
行为………………………………………………………… 197
图 6—9 受访者对政府保护网民食品安全网络舆情参与行
为的评价…………………………………………………… 197
图 6—10 受访者就政府对网络上出现的批评性帖子采取
相关行为的评价………………………………………… 198

图 6—11 受访者对重大食品安全网络舆情发生时政府发布信息的真实性评价…………………………… 199
图 6—12 受访者对政府公开食品安全事件敏感信息的透明度评价 ………………………………… 200
图 6—13 受访者对重大食品安全网络舆情出现后政府反应的敏捷性评价 …………………………… 200
图 6—14 受访者对政府通过网络及时发布食品安全预警信息的能力评价 …………………………… 201
图 6—15 受访者对政府引导食品安全网络舆情的能力评价 ……………………………………… 202
图 6—16 受访者对政府对于食品安全网络舆情中普遍关注问题反馈情况的评价 ……………………… 202
图 6—17 受访者对政府就普遍性的批评政府言论作出回答的建议 ……………………………… 203
图 6—18 受访者对政府通过网络就食品安全网络舆情中的突出问题与网民交流的建议 ……………… 204
图 6—19 受访者对政府设立专门的食品安全网络舆情新闻发言人的建议 …………………………… 205
图 6—20 受访者对政府管理网民网络言论的建议 ………… 205
图 6—21 受访者对网络舆情中普遍质疑的食品质量安全问题调查与结论处理的建议 ………………… 206
图 8—1 公众的食品添加剂安全风险感知以及由此引发的恐慌行为影响因素的假设模型…………… 235
图 8—2 修正后的结构方程模型路径图……………………… 244

表的目录

表 2—1 2008—2010 年间国外发生的较为典型的食品安全事件…………………………………… 53
表 2—2 2011 年相关国家发生的较有影响的食品安全事件… 54
表 2—3 近年来国内发生的较有影响的食品安全事件……… 55
表 2—4 蒙牛企业的负面事件……………………………… 73
表 5—1 2011 年发生的食品安全主要热点网络舆情事件…… 164
表 5—2 2009 年、2010 年发生的食品安全主要热点网络舆情事件………………………………… 166
表 5—3a 2011 年超热度的食品安全网络舆情事件 ………… 170
表 5—3b 2011 年高热度的食品安全网络舆情事件 ………… 171
表 5—3c 2011 年一般热度的食品安全网络舆情事件 ……… 172
表 5—3d 2011 年低热度的食品安全网络舆情事件 ………… 174
表 6—1 受访者相关特征的描述性统计……………………… 188
表 7—1 对食品安全网络舆情热点事件中政府适度反应的评价…………………………………… 214
表 7—2 全部解释变量……………………………………… 221

表 7—3 因子载荷矩阵………………………………………………… 222
表 7—4 随机选择初始聚类中心的迭代聚类结果…………… 223
表 7—5 不同态度网民的特征……………………………………… 224
表 8—1 2011 年食品中添加剂滥用与非食用物质恶意
添加引发的食品安全事件 …………………………… 229
表 8—2 假设模型变量表…………………………………………… 237
表 8—3 受访的基本统计特征……………………………………… 239
表 8—4 公众恐慌行为的描述性统计……………………………… 241
表 8—5 因子旋转后的载荷矩阵数值……………………………… 243
表 8—6 模型所涉数据的信度和结构效度检验………………… 244
表 8—7 SEM 整体拟合度评价标准及拟合评价结果 ……… 245
表 8—8 SEM 变量间回归权重表 ……………………………… 246
表 8—9 外生潜变量的交互作用估计结果……………………… 250

序　言

食品安全和网络舆情都属当下中国最引人注目也最值得关注的事项，一旦它们有了交集，就更加需要花大力气去研究。摆在我们面前的《中国食品安全网络舆情发展报告（2012）》（以下简称《报告》）为公众和研究者提供了丰富的材料、提出了富有启发的思路和观点，我愿意把它介绍和推荐给大家。

众所周知，如今互联网已成为公开透明的利益表达和利益博弈场所，成为各种突发事件和热门话题极其重要的信息集散地。2000年，食品安全事件“荣登”网络热点事件。此后，尤其是2011年、2012年，公众对食品安全的网络负面舆情倍加关注，甚至于群情鼎沸。当科学素养和独立判断能力尚不足以解惑之时，人们难免会感慨：“在中国，还有什么能吃？”甚至在网络上言辞激烈地批评政府监管不力。有时，科学家就食品安全问题发表理性的意见，却会被刻薄地斥责为包庇政府或为企业开脱，甚至被调侃为“砖家”、“叫兽”。但是，在这看似一边倒的混沌的信息背后，透过那些乱箭伤人的情感表达，以及负面舆情的无序发展，还是能发现，网络舆情的发展其实包含着独特的运行逻辑：在网民多种意见、观点的交相呈现和反复激荡中，理性的声音必然会逐渐上升，最终会形成多元互补的格局。务必记住，网络舆情研究既要忠于事实，解读社情民意，又不能被网上的喧哗、流言甚至谣言所牵引，随波逐流。社会管理者必须运用更高的智慧，把握网络舆论的深层规律，以便正确应对和引导网上随时可能喷薄出的舆论能量。

本《报告》在中国食品安全网络舆情研究的历史上应具标志性。它紧紧抓住近年来出现的相关典型事件，对食品安全网络舆情的内生机理、传播规律、预警和引导机制作了细致的研究，揭示了食品安全网络舆情的社会影响力和深层机理，致力于引导公众理性地看待中国社会的食品安全舆情，具有很高的学术价值和重大的现实意义。《报告》还给社会管理者以现实的启迪：对食品安全网络舆情的引导不是仅凭悲天悯人的情怀就能处理好的，而是既要热心体会民生冷暖，也要冷眼观察舆论的潮起潮落；只有认识到网络舆情的生成、传播的内在特征，客观评估政府与新闻媒体、网络民意的互动效果，认真审度新闻发布、民众诉求应对、官员问责等事项，才能真正有效地引导舆论的良性发展，提高公众的科学素养和研判能力。对于媒体而言，客观与公正地进行资料采集、整理、分析、总结、评论，及时寻找对策，并与民众进行交流沟通，才能将最为合理的评价传递给受众，引导群众理性应对风险，避免社会心理恐慌。

食品安全是事关民生的大问题，本《报告》以新媒体环境下中国食品安全的网络舆情现状为立足点，整合传播学、管理学、社会学、计算机科学、信息科学等多学科研究视角，娴熟地运用定量与定性相结合的方法，不仅在理论研究上卓有建树，而且对我国食品安全网络舆情的公众认知、态度的倾向性，以及政府应对的得失等方面开展了广泛的应用研究。本《报告》着重实证研究，通过大量的问卷和问题来厘清食品安全网络舆情的焦点、强度、演变轨迹。本《报告》不回避当今公众对食品安全事件太深的无奈和太沉的期待，体现了研究者对实事求是精神的坚守和强烈的人文关怀，令人感动。

网络支撑起的虽是虚拟空间，然而表达的常为关乎民生的现实社会问题。在虚实之间，互联网正在成为提升当代社会凝聚力的平台。善待网民，信任人民，提高公众素养，此乃当务之急。愿本《报告》的出版，有助于减少转型期社会的震荡和阵痛，打破官民间习见的精神隔膜，促进中国食品安全事业的和谐发展。倘如此，则《报告》功莫大焉。

谨此聊以为序。

中国人民大学教授　刘大椿

2012 年 10 月 3 日于北京

导　论

在互联网应用日益普及的当下，随机点开任何一家中文搜索引擎搜索“食品”，检索结果中出现最多的关键词往往是“食品安全”、“食品风险”，这对于素以美食大国自居的中国来说不啻具有一些悲凉。食品安全是重大的民生问题，因其直接关系到公众的身体健康和生命安全，一直处于舆论的风口浪尖。在处于转型期的中国社会，食品安全问题已经远远超出公共卫生的视域，渐进地辐射到经济问题、政治问题，关系到社会和谐稳定。以2009年6月1日实施《中华人民共和国食品安全法》为标志，我国已初步建立了较为完整且能较好地发挥效用的食品安全法律体系；政府相继出台了《关于加强食品等产品安全监督管理的特别规定》等相关规定，国务院成立了国家食品安全委员会，卫生部成立了食品安全风险评估专家委员会等，政府针对食品安全管理中存在的突出问题，开展了一系列食品安全专项治理和整顿。然而时至今日，公众对于食品安全的担忧和焦虑，仍然处在高位徘徊。我国正在成为世界上比较少见的食品安全舆论超强磁场，某个食品安全事件在互联网上一经曝光，就可迅即引燃全国舆论，甚至引致集体的抢购、停购等危害社会安定的群体事件。在这样的背景下，研究食品安全网络舆情的内生机理、生成机制、传播机制、预警与引导机制，并通过食品安全网络舆情的实证研究来剖析我国现阶段食品安全网络舆情，对于促进政府重塑公信力、提高食品安全网络舆情应对能力，提升公众食品安全素养，理性对待食品安全问题，具有重要意义。《中国食品安全网络舆情发展报告(2012)》(以下简称《报告》)就是在这一背景下产生的。

作为《报告》逻辑起点的导论部分，主要试图在说明研究背景、界定研究内涵的基础上，总括研究路线、研究方法、主要研究内容与研究的主要结论等，力图轮廓性、全景式地描述《报告》的整体概况。

一、时代的困惑

随着城乡居民收入的增长、生活节奏的加快和对饮食质量要求的不断提高，居民食品消费快速增长，并更加讲究食品质量安全与食品营养。其中，食品质量安全这一要素日益被公众顶至最醒目的高度。近年来，国际范围内不断出现影响较大的食品安全事件，从英国的“疯牛病”、“口蹄疫”事件，比利时的“二噁英”，到国内的“瘦肉精”、“三聚氰胺”、“毒大米”等事件，随着网络媒体、自媒体的介入，食品安全成为公众关注的热点问题。

食品工业是我国国民经济的重要支柱产业，对推动农业发展，增加农民收入，改变农村面貌，推动国民经济持续、稳定、健康发展具有重要意义。自 2009 年 6 月 1 日《中华人民共和国食品安全法》颁布执行以来，中国政府在食品安全监管和执法的力度上持续加强，在食品安全风险评估监测、食品安全标准制定、食品安全监督管理、食品非法添加剂打击等方面开展了一系列工作。2011 年年底的统计数据表明，中国食品安全监督抽查的合格率一直保持在 90% 以上，出口食品在国外的检测合格率也在90%以上[①]。客观地讲，中国食品安全监管取得了较大的成效。但这些成效，并不为作为消费者的公众所感知。食品安全问题不是中国独有的现象，包括发达国家在内的世界各国均不同程度地存在；但中国公众对食品安全问题有如此强的诉求与严重的误解程度，却是中国食品安全问题的特色之一。究其原因，一方面是随着公众生活质量和生活品质的提升，公众对于食品安全的诉求在不断提升。互联网络的普及，使得公众能够以极小的搜寻成本获取任一食品安全事件的动态信息，加之食品安全网络舆情中流言甚至谣言更易传播的特点，造成公众对食品几乎没有安全的感知。另一方面，食品安全事件频发是不可否认的现实，政府监管存在缺陷和不少企业存在不端行为是导致食品安全问题的根源。但我国公众的科学素养和独立判断力还远远跟不上时代的发展，对于食品安全的严重误解也是中国食品安全问题的特色之一。在这种形势下，追踪研究食品安全网络舆情，从技术和制度上寻找食品安全网络舆情的理性回归之路，有利于加强政府的食品安全网络舆情应对能力。

二、研究的指向

食品安全网络舆情是指通过互联网表达和传播的，公众对自己关心或与自身利益紧密相关的食品安全事务所持有的多种情绪、态度和意见交错的总和。在网络传播环境下，食品安全网络舆情缘起主体广泛，他们可能是因为切身经历而控诉的广大网民，也可能是从事新闻跟踪报道的传统媒体或网络媒体，而政府对民众质疑及媒体

---

① 刘育英：《质检总局：中国食品安全检测合格率超过90%》，2011年11月13日，见http://www.fjsen.com/h/2011-11/13/content_6760040.htm。

评论的及时回应和监控工作压力空前。同时，伴随着互联网络和移动通信网络在民众生活中的深入渗透，食品安全网络舆情的突发性和即时性突出。纵观形式多样的传播平台，手机即时通信快速发展使食品安全方面的短信传播迅猛，微博成为公众推动食品安全网络舆情发展的重要平台，社交网站依托关系网络快速扩散食品安全信息，专业化论坛导致各种食品安全主题论坛显现集群效应，而各种博客名人对食品安全问题的带动效应明显，由此使食品安全网络舆情形成波及面广泛、各种信息混杂、极化现象明显的特征。另一方面，由于政府监管部门应对不够及时、食品生产或销售企业不能积极应对甚至回避问题，食品安全网络舆情也呈现出信息不对称、交互分布不均等特征。面对如此错综复杂的情景，探索食品安全网络舆情的缘起，剖析食品安全网络舆情的演化规律，并提出有针对性的预警和引导机制，是食品安全网络舆情监管的当务之急。

《报告》结合我国实际情况，通过定量分析与定性分析相结合的方法，广泛查阅网络舆情的研究成果，搜集、梳理食品安全网络舆情事件，希望能够较全面地揭示食品安全网络舆情的发展特点和规律。在理论上，《报告》着力于辨识食品安全网络舆情的内涵，梳理食品安全网络舆情的生成模式和传播机制，为建立系统的食品安全网络舆情预警体系提供科学依据；在应用上，通过对食品安全网络舆情典型案例以及公众食品安全网络舆情态度的剖析，为政府食品安全网络舆情的监管提供有价值的参考。

三、《报告》的关注

与其他的舆情研究报告相比，《报告》对国内外，尤其是对近年来中国食品安全网络舆情案例进行剖析，试图通过对于各类纷繁芜杂的食品安全网络舆情事件普遍性及内涵特征的分析，探究食品安全网络舆情深层次的规律。《报告》主要从两个视角廓清食品安全网络舆情的面貌。一是尝试通过例证，厘清食品安全网络舆情自生成、传播到有效预警和化解的演化特征。目前的研究主要聚焦于食品安全网络舆情话题的划分，通过一个个食品安全个案的梳理，归纳出当期食品安全网络舆情话题的特征，进行政府应对能力的评价。《报告》从食品安全网络舆情的本源出发，对食品安全网络舆情的特征、生成、传播的特点和规律进行假设，并运用食品安全网络舆情案例进行论证。可以说，与现阶段的网络舆情报告相比，《报告》运用溯源思维，更注重食品安全网络舆情的内生性。

二是通过对近年来食品安全网络舆情事件的梳理，设计食品安全网络舆情调查问卷，选择有代表性的城市进行问卷调查。在调研回收数据的基础上，回应上述食品安全网络舆情从生成、传播到有效预警的演化特征。与现阶段的同类型网络舆情研究报告相比，《报告》不是针对某一特定舆情事件展开调研，而是从公众对食品安全网络舆情整体感知角度进行调研，这样更能揭示食品安全网络舆情从生成、传播到政府应对的普适性规律，结论对于政府相关管理部门应对食品安全问题能力的提升更具有针对性。同时，我们试图在《报告》中更加注重食品安全网络舆情的实证研究方法，通过运用统计学的相关原理、数据挖掘的相关算法来挖掘食品安全网络舆情各异现象背后的共性，更能挖掘出食品安全网络舆情的内在特征和演化规律。

四、研究内容

对于食品安全网络舆情的研究，目前至少在国内尚无专题性的论著，有关问题仅在网络舆情相关研究报告中偶有述及，通常以个案形式展示。《报告》拟从管理学、社会学、心理学、统计学等学科融合的视角，尝试运用案例研究、演绎推理、实证研究的方法，揭示食品安全网络舆情从生成、传播到预警、应对的普适性演化特征。

由于食品安全网络舆情从生成、传播到应对各个环节的特征和影响因素不尽相同，所以对各个环节的演变特征和规律的分析方法也应各有特点。《报告》采用的系统研究方法试图跳出对食品安全网络舆情个案研究的约束，从食品安全网络舆情总体生命周期角度进行研究，也希望所得结论能具有普适性，力图为研究食品安全网络舆情提供了一个全新的视角和思路。

在《报告》中，我们首先从总体上架构了食品安全网络舆情的内涵、构成要素和主要特点，在此基础上通过对食品安全网络舆情生成影响因素的研究，重点分析了食品安全网络舆情的生成模式，并相应分析了食品安全网络舆情分析的技术方法。在传播阶段，通过对食品安全网络舆情传播媒介、路径的案例分析，力图揭示食品安全网络舆情传播的一般性规律，揭示食品安全网络舆情传播的一般性特征。最后，从食品安全网络舆情的预警机制、技术路径、政策路径 3 个维度试图构建食品安全网络舆情的引导机制。于是，对食品安全网络舆情个案的剖析便有机地以整体的形式呈现在《报告》中，从而希望能使得《报告》的研究体系具有更长时期的适应性，对个案的研究结论可以显示食品安全网络舆情的阶段性特征。《报告》的主要内容是：

第一章：食品安全网络舆情的内涵。明确食品安全网络舆情的内涵，才能够准确把握食品安全网络舆情的生成和演化规律。关于舆情和网络舆情的国内外研究比较广泛、深入，由于食品安全问题在近几年呈现短期、即时、集中爆发的特征，因此在理论上针对食品安全网络舆情的研究几乎是一片空白。本章梳理了网络舆情的研究成果，试图在借鉴网络舆情概念和特征的基础上，结合食品安全问题事件的特殊性，深入分析食品安全网络舆情的构成要素以及各构成要素的特点，建立包括主体、客体、载体、时空因素和舆情本体特征的较为完整的食品安全网络舆情构成体系。同时，结合近年食品安全网络舆情的发展现状，从舆情缘起、传播、演化、监管等角度分析食品安全网络舆情的特点。

第二章：食品安全网络舆情的生成机制。准确、及时解决食品安全网络舆情问题，就需要从根源上挖掘舆情产生的原因，从源头把握将有助于跟踪食品安全网络舆情的传播和演化。本章首先从食品安全网络舆情诱因角度，建立直接诱因、现实逻辑、根本原因、间接原因与隐匿原因等5个方面多维度的食品安全网络舆情的缘起体系，并从诱因角度分析食品安全网络舆情生成所呈现的特征。在此基础上，本章引入舆情生成领域研究中相对成熟的螺旋效应、蝴蝶效应及涵化效应理论，结合案例研究，较为详细地分析了食品安全网络舆情的生成效应。基于互联网络媒体时代的变迁，食品安全网络舆情会受到多元化传播主体、多样化传播媒介等多因子不同大小力量的影响，呈现不规则的传播模式的客观实际，本章追溯了互联网络技术发展，从传统媒体、Web2.0和3G通信网络的角度，结合实际案例，分析了食品安全网络舆情的生成机理。当然，对舆情生成机制的分析离不开通过舆情分析技术对食品安全网络舆情的准确和及时的发现，对此，本章重点结合了舆情分析相关领域的技术研究现状及其发展趋势，提出了通过互联网络海量信息抓取、自然语言处理、基于Web的文本挖掘、主题检测与跟踪等技术，对食品安全网络舆情进行抓取和分析，以期为监管部门尽早发现食品安全网络舆情、提早采取必要的应急措施提供参考。

第三章：食品安全网络舆情的传播机制。食品安全网络舆情传播带来的问题和负面影响非常明显，如果政府对于食品安全事件的处理不及时、应对措施不当，就非常容易引起网民的极端情绪。正确把握传播特征与传播规律，不断地提高网络舆情引导能力，成为政府管理食品安全网络舆情的基本要求。本章主要借鉴了传播学理论，分别从传播媒介、传播路径、传播特征、传播规律等方面全方位探讨食品安全网络舆情的传播机制。在传播媒介方面，本章从传播媒介在传播过程中是主动传播还是被动传播、传播中是否受到发出者和接收者的双重影响以及影响的时效等角度，将食品安全网络舆情的传播媒介划分为单向、双向和即时互动 3 种类型，揭示不同传播媒介由于传播主体和时效而呈现的差异性，以期为政府对不同食品安全网络舆情传播媒介采取针对性监管和引导措施提供依据；在传播路径方面，本章借鉴美国政治学家哈罗德·拉斯韦尔在 1948 年提出的"5W"模式，结合实际案例，从人际传播、群体传播、大众传播 3 种传播模式分析食品安全网络舆情的不同传播路径，并从传播者、传播内容和传播效果等方面多维度揭示食品安全网络舆情的传播特征；在传播规律方面，由于食品安全网络舆情具有网络舆情的共性特征，本章梳理了危机信息传播理论、复杂网络理论和疾病传播理论等网络舆情传播的共性规律，并期待在进一步的研究工作中能够结合更多的食品安全网络舆情事件，剖析出食品安全网络舆情有别于一般网络舆情传播规律的特殊性。

第四章：食品安全网络舆情的预警与引导机制。在及时、迅速、准确地搜集与审视食品安全事件引发的网络舆情的生成和传播机制后，抢占食品安全网络舆情制高点，及时给予积极反馈和正面引导，解除各种可能引发社会矛盾的消极因素，迅速控制并平息各种不良事态，是当前食品安全利益相关者共同面临的巨大挑战。因此，建立有效的食品安全网络舆情的预警和引导机制就显得尤为迫切。本章借鉴了食品安全预警机制的研究成果，提出了食品安全网络舆情预警的概念，针对食品安全网络舆情的发展态势分析了目前的预警困境，并从信息汇集、分析、等级评定等方面提出了食品安全网络舆情预警的基本环节，以及实现各环节之间相互协作、紧密配合的思想。与此同时，本章遵循快速、全面、准确和创新原则，试图从纵向、横向角度，建立纵横交错的、开放式的食品安全网络舆情预警组织体系。食品安全网络舆情的预警有助于及早发现舆情，而对网络舆情的正确引导，则能够在保障民众充分享有话语权、知情权的情况下有利于解决食品安全管理中的诸多矛盾。对此，本章主要从技术和政策两个方面提出食品安全网络舆情的引导路径。在舆情信息的“封堵”方面，可以通过保证信息安全、采用内容分级技术和信息过滤技术来实现；在舆情信息的“疏导”方面，则需要建立数字化预案库，通过广泛搜集并存储相关预案，作好随时应对的准备。在政策路径方面，本章的研究认为，需要从传播媒介、传播主体、监管系统等角度建立全面的引导政策。

第五章：2011 年食品安全网络舆情的考察报告。理论研究必须有充分的事实基础。本章在研究食品安全网络舆情生成、传播和预警机制的基础上，运用统计学原理，梳理了天涯社区、凯迪社区、强国论坛、中华论坛和新浪微博等 5 家论坛及微博中有关食品安全网络舆情事件的主帖、转帖及跟帖，并结合了部分媒体的相关报道，分析 2011 年食品安全网络舆情热点。本章从影响力角度筛选出 2011 年发生的 52 个食品安全主要热点网络舆情事件，并从事件缘起、传播危害效果角度分析事件的性质和特征，同时也依据有关研究资料分别列出了 2009 年、2010 年发生的食品安全主要热点网络舆情事件，并对近 3 年的热点分布进行了比较和分析。针对食品安全网络舆情事件的热度问题，《考察报告》根据论坛、网站的影响力，以相关论坛、微博中的主帖、转帖和跟帖的总数作为热度依据，将2011年食品安全网络舆情分为超热度、高热度、一般热度、低热度4个等级，发现超热度和高热度事件与一般热度事件各占43%左右，而低热度事件不到20%，反映了食品安全网络舆情的高关注度。对于事件的地域分布，本章分别从发达地区、一般地区和偏远地区3个区域，分析不同区域食品安全网络舆情热点的差异性。从对热点的梳理中，本章分析了食品安全网络舆情关注的重点、热点、核心、焦点方面呈现的特征，并发现微博、专业网站、网络社群、媒体融合是2011年食品安全网络舆情传播媒介的突出特征。

第六章：食品安全网络舆情的公众调查报告。公众是食品安全网络舆情的生成和传播、演化中最重要的主体，对网络舆情的影响度而言也是最大的主体。本章针对食品安全网络舆情问题展开了公众调查。预备性调查于2011年12月在江苏省无锡市区进行。在预备性调查的基础上，根据调查中发现的问题修改问卷。对合肥、福州、石家庄的调查均在2012年2—3月间陆续展开，并确定每个城市调查200个熟悉互联网络的居民。这3个城市的调查，均由经过无锡预备性调查的人员随机在各个城市的市区进行。在调查过程中，对被调查者（以下简称受访者）的选择不分户籍，不分工作地点。在随机调查点上，凡是受访者自身确认知晓网络舆情，就被确定为调查对象。在此基础上，采用描述性统计的方法，基于对合肥、福州、石家庄3个省会城市592个受访者的调查，就食品安全网络舆情的真实性与影响程度、网民对食品安全网络舆情的参与性，以及重大食品安全网络舆情发生时政府发布信息的真实性与运用互联网络的能力等展开分析，并归纳网民对政府管理食品安全网络舆情的建议。研究结果表明，食品安全网络舆情在公众中具有重要的影响力，网民参与的行为比较理智，但对食品安全网络信息的真实性与政府运用互联网络能力的评价并不高，期待政府能够提高对食品安全事件的应对和处理能力。

第七章：公众食品安全网络舆情参与度的研究报告。公众对网络舆情的参与度影响到网络舆情本身的热度，反映公众对食品安全信息的需求情况，因此从理论上分析信任食品安全网络舆情的公众特征，对于一旦发生重大的食品安全网络舆情，并引发公众的食品安全恐慌甚至影响社会稳定时，政府采取积极的干预措施具有积极的意义。本章从食品安全网络舆情事件呈现群体化特征、易引发公众食品安全恐慌行为、政府的监控措施等方面，梳理了目前国内外在公众特征与食品安全网络舆情参与度相关性等方面的研究文献，继续采用在安徽合肥、福建福州、河北石家庄 3 个省会城市的 592 个有效样本，通过问卷调查获得影响网民对待食品安全网络舆情态度的 7 个指标的样本值(即与网络舆情相关的 7 个陈述的同意度)，运用因子分析检测网民对食品安全网络舆情的态度，根据因子分析得到每个公因子在各个样本上的因子值，把公因子作为变量进行迭代聚类分析，将参与食品安全网络舆情的网民归类，从对食品安全网络舆情的参与态度、对互联网络传播的食品安全信息的信任度、对不同信息发布主体的信任度等 3 个方面将食品安全网络舆情参与公众分为 3 组。本章研究结果表明，不同类型的网民具有明显的个性特征，政府应该采取针对性措施进行适当引导。

第八章：食品安全网络舆情与公众食品安全恐慌行为的分析报告。在现阶段，食品安全网络舆情的快速传播是否有可能产生公众的食品安全恐慌？如果有少数公众在不同程度上产生食品安全恐慌行为，那么这类公众具有什么基本特征？这是现实必须关注的重要问题。本章主要基于计划行为理论和理性行为理论(Theory of Reasoned Action，TRA)，研究了在食品安全网络舆情快速发展的背景下，影响公众食品添加剂安全风险感知及其恐慌行为的主要因素。结论显示，公众的自身特征、行为态度、主观规范和知觉行为控制，是影响其食品添加剂安全风险感知及其恐慌行为的主要因素，而且行为态度的影响最大，主观规范的影响显著，知觉行为控制的影响也较为明显。虽然过去行为与知觉行为控制间的交互作用并不显著，但公众的行为态度、主观规范、过去行为与知觉行为控制间，过去行为、自身特征、主观规范与行为态度间的交互作用明显。这一研究结论，对政府化解食品安全恐慌具有积极的政策含义。

五、研究方法

食品安全网络舆情是一个十分复杂的研究课题，至少目前在国内尚没有类似的研究性专著。《报告》的研究采用了多学科的研究方法，力求揭示食品安全网络舆情的规律性。综合而言，《报告》主要运用舆情理论、传播学、心理学、社会学、管理学等等学科理论，在借鉴国内外文献研究成果的基础上，采用案例分析、问卷调查、概率统计、数据挖掘、计量分析与计算机技术等方法，对食品安全网络舆情的特征、生成机制、传播机制、预警与引导机制，以及 2011 年食品安全网络舆情事件的性质和热点分布、公众对食品安全网络舆情的参与态度和行为等展开研究。具体分章节而言，所涉及的主要方法是：

(1) 关于食品安全网络舆情内涵的研究方法，主要是阅读文献，梳理舆情、网络舆情的研究现状和研究基础，试图定义食品安全网络舆情，并结合案例分析，阐述构建食品安全网络舆情的要素结构体系，阐述食品安全网络舆情的特征。

(2) 关于食品安全网络舆情生成机制的研究方法，主要采用文献阅读和案例分析相结合的方式，梳理舆情、网络舆情生成模式的研究脉络，结合网络技术发展，分析食品安全网络舆情的生成机理，并采用计算机技术解决舆情分析难题。

(3) 关于食品安全网络舆情传播机制的研究方法，主要采用文献阅读与案例分析相结合的方式，借鉴传播模式研究成果，结合食品安全事件的特征，分析食品安全网络舆情的路径、特征，并梳理传播的一般性规律，以期能进一步深入剖析食品安全网络舆情传播的特殊规律。

(4) 关于食品安全网络舆情预警与引导机制的研究方法，主要采用资料分析与案例分析相结合的方式，建立食品安全网络舆情的预警环节，并结合计算机技术，提出舆情引导的技术路径和政策路径。

(5) 关于食品安全网络舆情考察报告的研究方法，主要采用数据抓取和数据统计的方式，分析 2011 年食品安全网络舆情事件的特征。

(6) 关于食品安全网络舆情公众调查报告的研究方法，主要采用问卷调查的方式，从网民特征、网民对食品安全网络舆情的参与态度和行为、网民对政府网络舆情事件的信息发布和网络运用的评价等方面进行描述性统计。

(7) 关于公众食品安全网络舆情参与度分析报告的研究方法，主要采用问卷调查的方式，运用数据挖掘技术进行因子分析和聚类分析，剖析食品安全网络舆情参与公众的差异性。

(8) 关于食品安全网络舆情与公众食品安全恐慌行为分析报告的研究方法，主要是以计划行为理论与结构方程模型为分析工具，研究在食品安全网络舆情快速发展的背景下，影响公众食品添加剂安全风险感知及其恐慌行为的主要因素。

六、研究路线

食品安全网络舆情的理论研究基础较为薄弱，系统性的调研报告亦是空白。《报告》遵循理论与实践相结合的原则，梳理和借鉴网络舆情、传播学相关理论，对近年来食品安全网络舆情的发展现状进行剖析。通过对食品安全网络舆情内涵的分析，建立食品安全网络舆情构成要素体系，为舆情生成机制、传播机制和预警与引导机制的研究提供视角；通过对食品安全网络舆情缘起和生成特征的分析，建立包括主体、客体、载体在内的食品安全网络舆情监控静态指标体系；通过对食品安全网络舆情传播机制的研究，挖掘其传播路径、传播特征，建立食品安全网络舆情监控的动态指标体系，并针对动态指标体系建立开放式的预警机制。同时，通过调查问卷、统计分析、数据挖掘等方法对 2012 年的食品安全网络舆情事件现状进行剖析，以期进一步完善食品监控的指标体系。具体研究框架见图 0—1。

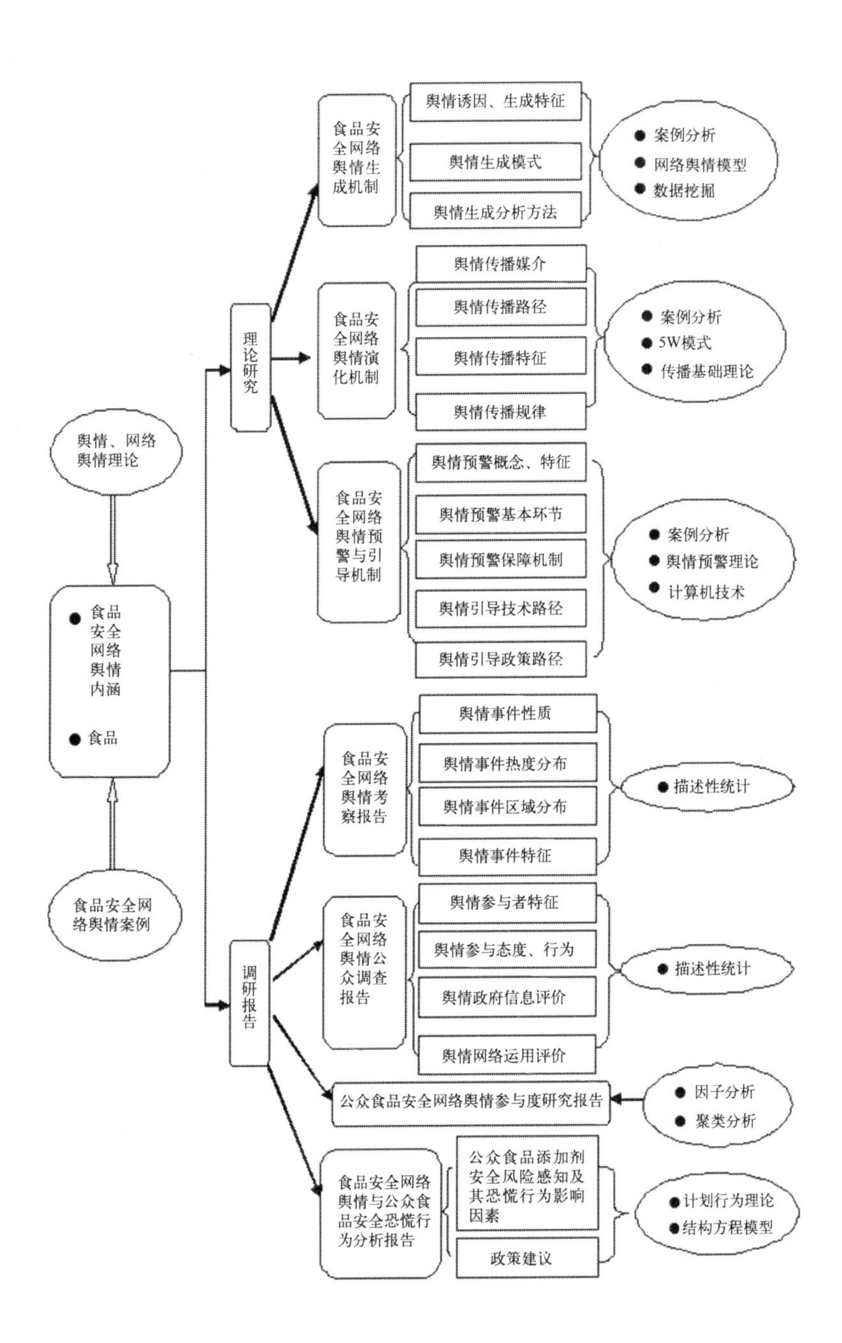
舆情、网络舆情理论
食品安全网络舆情内涵
食品
食品安全网络舆情案例
理论研究
调研报告
食品安全网络舆情生成机制
舆情诱因、生成特征
舆情生成模式
舆情生成分析方法
案例分析
网络舆情模型
数据挖掘
食品安全网络舆情演化机制
舆情传播媒介
舆情传播路径
舆情传播特征
舆情传播规律
案例分析
5W模式
传播基础理论
食品安全网络舆情预警与引导机制
舆情预警概念、特征
舆情预警基本环节
舆情预警保障机制
舆情引导技术路径
舆情引导政策路径
案例分析
舆情预警理论
计算机技术
食品安全网络舆情考察报告
舆情事件性质
舆情事件热度分布
舆情事件区域分布
舆情事件特征
描述性统计
食品安全网络舆情公众调查报告
舆情参与者特征
舆情参与态度、行为
舆情政府信息评价
舆情网络运用评价
描述性统计
公众食品安全网络舆情参与度研究报告
因子分析
聚类分析
食品安全网络舆情与公众食品安全恐慌行为分析报告
公众食品添加剂安全风险感知及其恐慌行为影响因素
政策建议
计划行为理论
结构方程模型

图0—1 研究框架

七、研究结论

在《报告》中，我们发现，相比于目前大热的微博、社交网站对于食品安全网络舆情的重要推动作用，博客在食品安全领域的名人带动效应也相当显著。现阶段，我国食品安全网络舆情的显著特点是：原料类食品安全和企业生产安全极易引发互联网络的骤然关注，消费者维护权益的意识增强，成为多起食品安全网络舆情引爆的源头，食品安全管理部门信息发布分散、信息发布渠道落后，食品安全行业“潜规则”成为公众质疑的焦点。

在食品安全网络舆情生成机制的研究部分，可以看出，食品安全事件是涉及民生的敏感事件，舆论集中表现为多数民众停止消费的倾向。深层次上，食品安全网络舆情是公众在媒介信息技术高度发达的风险社会中，对不安全感的集体释放，及其对政府完善食品安全治理的需求和对媒体正确引导的强烈呼声。沉默的螺旋效应、蝴蝶效应、涵化效应依旧适应于食品安全网络舆情的生成模式研究，目前多采用网络海量信息抓取、自然语言处理、基于 Web 的文本挖掘、主题检测与跟踪（Topic Detection and Tracking）等技术，进行食品安全网络舆情的生成研究。

《报告》的研究发现，网络舆论的传播基本遵循以下规律：传统媒体报道或网民爆料（微博异军突起）—网民讨论（新闻跟帖、论坛发帖等）—形成网络舆论压力（“意见领袖”作用突出）—媒体进而呼应、挖掘新的事实（新老媒体互动）—有关部门应对—再掀波澜（假如应对不当）—再次应对—网民注意力转移—网络舆论消解（流行语、视频等娱乐化的尾巴长期流传）。

由此我们提出，构建食品安全预警机制应主要从两个方面入手：一是建立食品安全网络舆情监测及预警机制，及时掌握舆情动态；二是建设并完善组织架构和制度体系，保障机制的正常运行。在食品安全网络舆情的引导方面，需要建立数字化预案库，通过广泛搜集并存储相关预案，以提升舆情引导效果。食品安全网络舆情引导政策的制定，需要媒体、公共部门、公众信息素养等多个方面的通力合作才能达到政策引导的目标。

通过对食品安全网络舆情调研数据的描述性分析，我们力图展示，目前食品安全网络舆情对社会具有较强的影响力，网民参与食品安全网络舆情中敏感问题的行为比较理智，公众对政府食品安全网络信息真实性与运用互联网络能力的评价并不高，公众对政府相关能力建设的要求也不高。通过对调研数据的因子分析和聚类分析，年龄段在 18—35 岁、学历为大专及以上、年收入相对较高的网民，比较信任食品安全网络舆情；年龄段在 46 岁以上、学历和收入较低的网民群体，一旦发生重大食品安全事件并引发食品安全网络舆情危机时，更信任非官方网络信息，也相对容易产生食品安全的恐慌心理与行为。

第一章

食品安全网络舆情概述

随着互联网在全球范围内的迅速发展，网络媒体成为继报纸、广播、电视后的“第四媒体”，也成为反映社会舆情的主要载体之一。网民能够通过互联网这一虚拟空间，围绕中介性事项的发生、发展和变化，产生对该事件的所有认知、态度、情感以及行为倾向。食品是人类生存和发展的基本物质，是人们生活中最基本的必需品。食品安全是最基本的民生问题。食品供应链体系中的农业生产者与食品生产加工、物流配送、经销等厂商等相关环节，都存在着可能危害食品安全的因素，而因这些环节在食品供应链中环环相扣、相互影响，均可导致食品安全隐患并引发食品安全事件。近几年来，在我国，食品安全事件频频发生，而有关食品安全事件的网络舆情也接踵而至，如：中央电视台主持人赵普曝光“老酸奶”事件、“蛆虫柑橘”短信事件等。食品安全问题的广泛性、随时性、重要性，推动了食品安全网络舆情的产生与发展。因此，理解食品安全网络舆情的内涵，剖析食品安全网络舆情的构成要素，分析各构成要素间的关系，探究食品安全网络舆情的特点，是有效地监测食品安全网络舆情的产生和发展、积极地引导食品安全网络舆论的传播和演变的前提条件与理论基础。

本章结合了网络舆情的内涵和食品安全的特征，给出了食品安全网络舆情的一般定义，梳理了食品安全网络舆情产生、传播和变化过程中的最小单位：主体、客体、载体、时空因素以及主观表达。同时，本章基于食品安全网络舆情存在的信息不对称、波及面广泛、信息混杂、突发性等特点，结合食品安全问题发展现状，分析了现阶段食品安全网络舆情的特点，为进一步研究食品安全网络良性舆情引导方案奠定基础。

1.1 食品安全网络舆情的内涵

食品安全网络舆情这一概念在我国刚刚兴起，虽然一些学者从不同的角度探讨了这个概念，但到目前为止，学术界尚没有在理论上给出基本明确、为人们所基本接受的定义。一方面，由于研究刚刚起步，一些相关的研究机构和政府食品安全监管部门主要集中于研究网络舆情的一般内涵、特征、传播规律，并没有基于中国国情且结合食品安全网络舆情的基本特征展开比较详细和深入的研究；另一方面，食品安全网络舆情是这几年发展非常迅速、社会影响力非常广泛的特殊现象，广大网民都在密切关注食品安全网络舆情的变化，食品企业和政府食品安全监管部门则疲于应对突发事件，食品安全网络舆情的基本特征与表现形式尚处在动态变化之中，存在着难以科学界定的现实困难。但是，食品安全网络舆情作为《报告》研究的逻辑起点，基于现有的客观实际与研究基础，从学术角度比较明确地诠释食品安全网络舆情的内涵是非常必要的，既有利于推动本专业领域的研究，也有助于政府食品安全监管部门针对食品安全网络舆情的特殊性，从我国的实际出发，建构切实可行的食品安全网络舆情的预警机制等。

1.1.1　舆情与网络舆情的内涵

狭义上的观点认为，舆情是指在一定的社会空间内，围绕中介性社会事项——国家管理者制定和实施的各类方针政策、制度法规、工作措施，以及影响民众利益及主客体利益关系变化的事件、人物等的发生、发展和变化，作为主体的民众对作为客体的执政者及其所持有的政治取向产生和持有的社会政治态度[①]。广义上的观点认为，舆情是指国家管理者在决策活动中所必然涉及的，关乎民众利益的民众生活（民情）、社会生产（民力）、民众中蕴涵的知识和智力（民智）等社会客观情况，以及民众在认知、情感和意志的基础上，对社会客观情况以及国家决策产生的主观社会政治态度（民意）[②]。通俗来讲，舆情就是指民众的全部生活状况、社会环境和民众的主观意愿，也就是通常所说的"社情民意"。刘毅在讨论到网络舆情基本概念时，给出了得到广泛认可的对于舆情的界定：舆情是由个人以及社会群体构成的公众，在一定历史阶段和社会空间内，对自己关心或与自身利益密切相关的各种公共事务所持有的多种情绪、意愿、态度和意见交错的总和[③]。

综合各家观点，舆情作为民众的社会政治态度，在本质上始终贯穿了民众与国家管理者之间不断变动的相互利益关系，是一种以民众和国家管理者之间对立与依存的利益关系为基础的社会政治态

---

① 王来华：《舆情研究概论——理论、方法和现实热点》，天津社会科学院出版社2003年版，第32页。

② 张克生：《国家决策：机制与舆情》，天津社会科学院出版社2004年版，第17—19页。

③ 刘毅：《网络舆情研究概论》，天津社会科学院出版社2007年版，第51—52页。

度。需要指出的是，舆情是人们的认知、态度、情感和行为倾向的最初表露，可以是一种零散的、非体系化的东西，也不需要得到多数人的认同，是多种不同意见的简单集合。而舆论是人们的认知、态度、情感和行为倾向的集聚表现，是多数人形成的一致的共同意见，是单种意见的集合，即需要持有某种认知、态度、情感和行为倾向的人达到一定的量，否则不能认为是一种舆论。舆情产生聚集时就可能向舆论转化，因此对舆情的监测、引导就是要使舆情不转化为舆论危机，而是转化为良性舆论。

对于网络舆情的定义，基本上只要有探讨网络舆情问题的，都会在自己的语境内提出相关概念，也有作者直接引用较为成熟的概念。例如，纪红等人指出，网络舆情就是指在网络空间内，围绕舆情因变事项的发生、发展和变化，网民对执政者及其政治取向所持有的态度[①]。以上概念强调网络舆情的"内隐性"，认为网络舆情是对中介性事物的"情绪、态度和意见交错的总和"。也有学者将网络舆情的定义，定位在包含"情绪、态度和意见"的言论上，凸显"外显性"。如陶建杰认为，网络舆情是通过互联网传播的，公众对现实生活中某些热点、焦点问题所持的有较强影响力、倾向性的言论和观点[②]。郝英杰等人指出，网络舆情是社会舆情的一种表现形式，是公众在互联网上公开表达的、对某种社会现象或社会问题具有一定影响力和倾向性的共同意见[③]。刘燕等人则认为，网络舆情是在互联网上形成并传播的、带有一定影响力的热点问题，或者有明确态度的意见与言论，一般受到的关注程度比较高[④]。以上定义虽各不相同，但有其共

---

① 纪红、马小洁：《论网络舆情的搜集、分析和引导》，《华中科技大学学报（社会科学版）》2007年第6期，第104、105、107页。

② 陶建杰：《完善网络舆情联动应急机制》，《当代行政》2007年第9期，第28—30页。

③ 郝英杰、马海红、赵治：《高校网络舆情引导工作实务研究》，《中国电力教育》2008年第12期，第120—121页。

④ 刘燕、刘颖：《高校网络舆情的特点及管理对策》，《思想教育研究》2009年第4期，第46—48页。

性特征：网络舆情是发生在网络空间的；网络舆情的发生与现实紧密相关，有其产生的中介事项；网络舆情是一种公众情绪或意见的集合，而不是单个人情绪的表达。刘毅的观点至少在目前初步得到认同。他认为：网络舆情是通过互联网表达和传播的，公众对自己关心或与自身利益紧密相关的各种公共事务所持有的多种情绪、态度和意见交错的总和[①]。舆情研究的后起之秀曾润喜对网络舆情进行了准确和权威的定义：网络舆情是由于各种事件的刺激而产生的，通过互联网传播的，人们对于该事件的所有认知、态度、情感和行为倾向的集合[②]。

1.1.2 食品安全网络舆情的内涵

食品安全已成为网络媒体关注的热点，不断发生的食品安全事件激起了网络的巨大声音。因此在网络舆情的定义基础上，针对食品安全的特点，有学者对食品安全网络舆情给出了如下的定义：由食品安全事件引发的，由网络媒体、网民等主体对食品安全事件的报道、转载和评论，并在民众认知、情感和意志基础上，对食品安全形势、食品安全监管产生的主观态度。在这里提到的食品安全事件，包括食品中有毒有害因素引起的安全事故和食品安全新政策[③]。

随着食品安全网络舆情监测机构的逐步建立，食品安全网络舆情已逐渐达成共识，关注点主要集中于食品安全与网络表达。据此，《报告》认为，食品安全网络舆情是指通过互联网表达和传播的，公众对自己关心或与自身利益紧密相关的食品安全事务所持有的多种情绪、态度和意见交错的总和。

---

① 刘毅：《网络舆情研究概论》，天津社会科学院出版社2007年版，第53页。

② 曾润喜：《网络舆情管控工作机制研究》，《图书情报工作》2009年第18期，第79—82页。

③ 刘文、李强：《食品安全网络舆情监测与干预策略研究》，2011年4月11日，见http://zhengwen.ciqcid.com/lgxd/50415.html。

1.2 食品安全网络舆情的构成要素

要素是指构成一个客观事物存在并维持其运动的必要最小单位。网络舆情能够产生、传播和变动，也需要有必要的构成要素。而食品安全问题关乎民众，分析食品安全网络舆情的构成要素，有助于梳理食品安全网络舆情的传播途径和传播方式，可以准确地把握食品安全网络舆情的发展态势，并对网络舆情的演变采取有效的控制措施，为广大公众提供清楚的食品安全信息，以维护社会秩序。通过对网络舆情及相关概念的分析，结合食品安全问题的特殊性得知，食品安全网络舆情主要包括以下构成要素。

1.2.1 主体

网民

舆情的主体是公众。网民作为网络舆情的主体，是影响网络舆情形成的直接因素。根据计划行为理论①的研究，公众的行为信念、规范信念和控制信念产生行为意向，个体的行为意向越强烈，采取行动的可能性就越大。公众对食品安全风险的感知和由此可能产生的心理上的诸多不安，在人类的行为信念、规范信念和控制信念指导下，产生行为意向与可能的行为举措，影响着他们对食品安全网络舆情的判断和反应，关系到食品安全网络舆情危机的产生。进一步分析，行为态度、主观规范、知觉行为控制和自身特征分别在不同程度上影响公众对食品安全风险的感知，且对其恐慌行为造成影响。具体而言，行为态度对公众的恐慌行为影响最大，公众越是对国内食品市场缺乏信心，越是关注食品添加剂方面的信息，一旦爆发食

① Ajzen I,"The Theory of Planned Behavior", *Organizational Behavior and Human Decision Process*,1991(5):pp.179-211.

品添加剂滥用事件，其更易产生恐慌心理并可能采取过激行为；主观规范体现为媒体、亲戚朋友与社会团体等的行为对公众的食品安全风险感知及其恐慌行为带来的影响，在对食品添加剂相关知识知之甚少的情况下，公众自身的恐慌行为更易受到媒体、亲戚朋友等影响；知觉行为控制则描述了在食品安全事件爆发后公众自身预期的可以控制的程度，食品添加剂滥用事件一旦爆发，公众自身预期可以控制的行为程度不仅受其自身健康状况的影响，而且还受诸如政府监管水平等其他因素的影响；公众的恐慌行为具有个体的差异性，性别、年龄、受教育程度、家庭收入与是否有未成年的孩子等因素，均不同程度地影响公众的恐慌行为，但差异性并不十分显著。

网络环境下，面对食品安全领域的风吹草动，网民会依托网络，根据自身的理解及需要，积极主动地搜寻相关主题信息，借助网页搜寻、论坛阅读、意见征集和 BBS 研讨等查清证实，参与讨论，并进一步延伸和扩展对危机事件、信息或知识的认知。同时，因为食品安全危机事态的急速发展与反复变化，网民的态度与意见往往也容易迅速变身转向。针对食品安全问题及其可能引发的各种社会危机，公众可以随时随地获取食品安全危机的相关信息，从自我权益保护的角度积极主动地获取目标信息，学习并提升，形成自我对问题的认知，以及对事件本身、相关企业主体、传媒、政府管理部门的态度，并选择性地开展自我权益的保护行动，以及不同程度地参与到与食品安全相关的网络传播当中，参与或主导意见发布、意见冲突等新的危机传播。

政府

政府是国家的管理者。与计划经济时代不同的是，在我国目前市场化改革处于深水区的背景下，各种利益主体间的各种矛盾往往集中体现为国家管理者与民众的矛盾。因此，各级政府尤其是基层政府就成为民众集中关注的焦点和发泄不满的对象。作为公共管理的重要主体，政府有责任协调处理各种利益矛盾及社会事务。如果处置不当，大多数矛盾就极有可能转化为民众与政府间的对立行为。

从食品安全管理的属性来看，食品安全管理虽然形式多样，比如企业自律、签约监管等，但为社会提供安全的食品，主要责任在政府。因此，对食品安全的管理，属于政府履行市场监管、社会管理和公共服务职能的范畴，具有非竞争性和非排他性的特点。政府的管理活动所需要的信息资源生产周期长，地域广阔而分散，有较大的不可预见性。信息接受者需要的信息不是单纯的、短期的原始信息，而是经过科学分析的、具有较高知识含量和综合性、权威性的信息。提供此类信息的难度很大，但回报又很难直接体现。因而，必须通过政府主导，采取政府干预和投入来积极应对食品安全网络舆情。可见，政府因素同食品安全网络舆情的发生与演化呈强关联性。具体表现在：第一，政府作为食品安全网络舆情最直接、最基本的主体，甚至是公众食品安全网络舆情的基本批评对象。受到极大关注、处于风口浪尖上的政府监管部门，稍有不慎，将极有可能陷入食品安全网络舆情危机之中。第二，政府作为食品安全的主要监管者，有责任协调处理好公众所普遍关注的食品安全网络舆情，如果采取不合适的应对措施或应对不及时，均有可能引发食品安全网络舆情危机。第三，作为大众传媒的管理者，政府应该通过制定相关法律、法规和政策对大众传媒活动进行规范与管理，对网络媒体的控制不力、相关网络法规的不健全，均可能为食品安全网络舆情危机的产生提供可能。

[案例]2009年11月，农夫山泉、统一企业“砒霜门”事件

[事件梗概] 2009年11月，海南省海口市工商局发布《消费警示》，称农夫山泉的农夫果园、水溶C100和统一企业的蜜桃多汁3

种饮料总砷即俗称“砒霜”含量超标。随后，统一企业、农夫山泉以发表声明和召开新闻发布会的形式对公众说明事件情况。海口市工商局在各媒体发布这两家企业产品复检合格的消息，截然不同的两种结果，引起社会关注。

事件发展过程中，传统媒体、网络媒体、网民等纷纷起到推动作用：《成都商报》、《新京报》等媒体报道关于上述3种饮料质量合格的声明；凤凰网、网易新闻、腾讯新闻等门户网站相继建立专题报道，关注“砒霜门”；2010年1月，《济南时报》发文《农夫山泉受累砒霜门，销量明显下降》；针对前后检测的不同结果，网民在论坛发帖《与“砒霜门”事件真相高度相关》、《“砒霜门”清白了，误检者清白否？》、《砒霜门真相是什么》等。

[事件启示] 事件由工商局检测结果引发。在“砒霜门”事件发展过程中，网民发出了自己的“声音”。在中青论坛、新浪乐居论坛、腾讯论坛、中华网论坛、贴吧等都能看到与“砒霜门”相关的帖子与言论。政府部门、企业发布相关检测消息和产品信息后，网民以发帖等形式发表观点，呼吁调查检测方、研究消费者利益受损由谁买单、第三方应适时介入调查等，凸显了网民意愿。

媒体

在传播学中，媒体有两种基本含义：一方面是指传播工具、传播渠道和传播信息的载体，即信息传播过程中从传播者到接受者之间携带和传递信息的一切形式的物质工具；另一方面是指各种传播工具的总称，如电视、广播、印刷品（书籍、杂志、报纸）、计算机和计算机网络、手机等，即从事信息采集、加工制作和传播的个人或社会组织。大众媒体影响着公众对周围世界的感知，对公众理解科学知识发挥着举足轻重的作用。在网络舆情事件中，有很多问题是通过作为传统媒体的社会组织首先提出的。同时，传统媒体的连续报道对网络舆情的发展起着推动的作用：媒体的报道有可能暴露问题，激化矛盾，推动网络舆情迅速发展；也有可能还原事实真相，平息网民的极端情绪。另外，随着互联网络深入渗透到民众生活的方方面面，新媒体对事件的报道和评论能够在更短的时间内为更大范围的网民所关注，对网络舆情的发展，新媒体的推动效用更加显著。

食品安全事件关乎民生，同时，对食品安全事件真相的揭示不是网民个人通过诸如"人肉搜索"之类的行为能够全面实现的，在很大程度上是通过专业媒体全方位探访实现的。比如食品加工厂的生产安全情况，一般的网民难以进入食品生产加工企业现场察看，而专业媒体可以通过专业技巧进行深入察看；对于食品安全监管部门的工作措施，相关管理人员不可能接受网民个人的采访，但是作为专业媒体则可以通过采访或者是暗访的方式，了解食品安全监管部门的工作是否符合相关规范；食品安全事件容易激化矛盾，所以政府需要对食品安全网络舆情事件进行必要的引导，保证言论的正确发展方向，而作为代表政府态度风向标的主流媒体在食品安全网络舆情发展的过程中会发表评论文章，影响整个食品安全网络舆情事件的发展。

[案例] 2011年3月双汇集团"瘦肉精"事件

[主体] 传统媒体曝光——中央电视台新闻频道《每周质量报告》栏目

[事件梗概] 2011年3月15日，中央电视台新闻频道《每周质量报告》栏目播出《"健美猪"真相》。据报道，南京市建邺区兴旺屠宰场内宰杀含有"瘦肉精"的"问题猪"；河南温县、孟州等地一些养猪场使用"瘦肉精"喂猪，以增加猪肉的瘦肉量，而食用了"瘦肉精"的生猪大部分被河南济源双汇食品有限公司收购。

［事件影响］事件经中央电视台新闻频道曝光后，"瘦肉精"成为舆论热议的焦点话题，各网络媒体纷纷转载，新华网也进行了相关报道。双汇集团"瘦肉精"事件成了大众关注的焦点，受到农业部、国家工商总局、国家质检总局等相关部门的高度重视，双汇集团也三度开会讨论此事。最终，河南省立案调查并查处了一批责任人员。

1.2.2　客体——食品安全公共事件

公共事件是社会矛盾在现实生活中的反映。在信息化、网络化的社会背景下，人们的社会交往和联系不断扩展延伸，社会矛盾亦越来越复杂，当这些矛盾出现并激化到一定程度时，就有可能作为公共事件而刺激网络舆情的产生。食品是民众生存的基础要件，与一般公共事件相比，只要有极个别群体出现食品食用后的不良情况，可能只是不到 10 个人的不良反应，都有可能迅速发展成为食品安全公共事件。食品安全类事件主要有两大类：一类是原料类产品的质量问题，如小龙虾、粉丝、大米、食用油等。原料类的产品问题往往源自行业内部操作，一些是行业痼疾，因其与公众生活贴近性极强，一旦经过媒体的报道和放大，极容易引发公众的强烈反应。比如很多小商贩受经济利益驱使，铤而走险，销售和使用"地沟油"，在 2012 年再次引起一场"食用油恐慌"。另一类比重更大的则是企业产品的质量安全问题，并且越是品牌影响力大的企业，越容易成为媒体关注的"靶心"。如可口可乐、麦当劳、雅士利、金浩茶油、雅培等著名企业，均有产品问题的舆情热点事件爆出。这些企业的产品往往畅销全国乃至全世界，单一产品出现质量安全问题极容易引起各地媒体的追踪报道，从而引发一连串的连锁反应，将事件关注度推至高潮，将影响推至全国。由于食品问题的高敏感性，它成为公共事件的速度会比一般的公共事件更快，广大网民会迅速深入挖掘食品安全事件的真相，推动食品安全网络舆情的发展，各大媒体也会蜂拥而入、跟踪报道。这就需要政府迅速采取应急措施，表明监管态度，引导舆情发展。

[案例] 2010年7月南京"龙虾门"事件

[事件梗概] 2010年7月20日，南京一家人在食用小龙虾后，被送进鼓楼医院。妻子全身酸痛；丈夫出现尿血，肾功能受到损伤。此次事件后，陆续有多人因类似情况入院。医生怀疑发病与"洗虾粉"有关。经媒体报道后，"龙虾门"成为公众热议话题。随后几个月内，南京市卫生、防疫部门，农业部渔业局，江苏省海洋局，中国疾病防控中心等政府部门以召开新闻发布会、说明会，公布检测结果，制定政策等形式对事件作出回应。2010年10月15日，南京餐饮商会召开新闻发布会，提出南京"龙虾门"源于大雨流入池塘及后续的化学反应等一系列偶然事件。

[事件影响] 事件经过报道，尤其是网络跟帖、"爆料"、"事件追踪"等让"龙虾门"事件愈演愈烈。这起与公众生活贴近的食品安全事件被报道后，引发了恐慌。事件过程中，食用小龙虾的人数大大降低。即使最终事件被定性为"偶然事件"的集合，也未解除公众的担心，并引发了公众对监管缺位、执法力度不够的关注。

[案例] 2011年11月可口可乐美汁源果粒奶含杀虫剂事件

[事件聚焦] 2011年11月28日，长春市民刘某与其子楚某饮用可口可乐美汁源果粒奶优（清新草莓口味），相继发生疑似食物中毒。经送院救治，刘某昏迷，楚某死亡。临床诊断疑似有机磷中毒。经公安部门检验认定，剩余饮料中含有剧毒杀虫剂。

上海公司表示：事件发生在长春，与供应给上海的产品并非同一产地。

可口可乐饮料有限公司发表声明：产品检测无异常，并表示积极配合调查。

专家分析：食品企业生产车间是没有剧毒杀虫剂的，而用于勾兑的果汁不可能出现致死的农药残留量。

长春市工商局决定：对此类饮品就地下架、封存待查。长春市卫生局、质量技术监督局做好各项检验监测工作。

11 月 30 日下午，可口可乐公司声明称，同批次产品均合格。

[事件影响] 因公众关注度高，虽然事件持续时间仅 3 天，但是广大网民挖掘事件真相的时间远远大于 3 天。专家分析、政府部门表态、企业回应后，网民又有新一轮的信息挖掘过程。

1.2.3 载体

网络是舆情传播的载体和平台，对网络的控制能力以及网络媒体的传播力度直接关系到网络舆情的规模，影响到舆情危机是否产生。对网络的控制能力包含两个方面：一是外部的社会制度对网络传播的控制和影响，二是网络传媒机构的内部制度对信息的生产、加工和传播活动的制约。一方面，网络传播容量的无限性和物质载体的无形性，导致难以对网络进行全面的社会监控。另一方面，对网络传媒的活动或行为缺乏相关法律的约束和制约，使得各种信息、思想在网上泛滥，成为诱发食品安全网络舆情危机的一个重要原因。食品安全事件一旦爆发，公众会通过各种方式迅速传播相关信息，并通过各种途径验证自己所获得的信息。在互联网络高度渗透人们生活的情况下，网络媒体成为人们获得、搜索、验证、传播食品安全信息的重要载体。

根据中国互联网络信息中心的统计报告[①]，截至 2012 年 6 月底，

① 中国互联网络信息中心：《第 30 次中国互联网络发展状况统计报告》，2012 年 7 月。

中国网民数量达到5.38亿，互联网普及率为39.9%。我国网民的互联网应用习惯出现显著变化，包括手机上网、新型即时通信、微博等在内的新兴互联网应用迅速扩散，与此同时，一些传统的网络应用使用率明显下滑，显示出互联网发展创新速度之快，网民的互联网沟通交流方式发生明显变化。

手机即时通信发展迅猛

2012年上半年，通过手机接入互联网的网民数量达到3.88亿[①]，相比之下，通过台式电脑接入互联网的网民数量为3.8亿，手机成为我国网民的第一大上网终端。广大手机用户积极寻求接入移动互联网，以便随时随地上网发布和浏览信息、发表和分享意见。手机无线上网便于人们利用碎片化的时间参与舆情讨论，而且还可以帮助城镇低收入人群以及农民工加入网络舆论场。截止到2012年上半年，即时通信用户人数达到4.45亿。在刚开始上网的新网民中，农村网民比例达到51.8%，这一群体中使用手机上网的比例高达60.4%。可见，随着手机上网的进一步普及，尤其是智能终端的推广，以及手机聊天工具的创新，即时通信已经成为中国网民的第一应用。因而在食品安全突发公共事件中，任何一个在场的人都有可能在网上发送文字、图片、视频，给政府的事件处置及食品安全网络舆情应对带来挑战。

[案例] 2008年10月"蛆虫柑橘"短信事件

[事件载体] 短信传播——事件缘起于一条"蛆虫柑橘"短信

[事件梗概] 2008年10月下旬，一条"蛆虫柑橘"短信称，广元的橘子剥了皮之后，在白须上发现小蛆状的病虫，并提醒人们告诉家人、同事和朋友暂时不要吃橘子。此后，该条短信便通过手机、移

---

① 中国互联网络信息中心:《第30次中国互联网络发展状况统计报告》，2012年7月。

动互联网络在全国范围内广泛传播，导致我国的柑橘市场蒙受冰霜。

[传播特征] 从"蛆虫柑橘"短信事件可知，手机短信具有传播权的"易得性"，传播的"随意性"、"接近性"，内容的"模糊性"等特点。

[事件影响] 由于短信、飞信等即时通信工具的广泛使用，"蛆虫柑橘"短信在大范围内传播，并导致同一个人接收到同一信息的频次增加。在此情形下，受众对"蛆虫柑橘"的信息深信不疑。

我们注意到，当前手机即时通信发展非常快速：第一，众多互联网企业布局手机即时通信工具，新型手机即时通信用户大规模增长；第二，手机即时通信工具功能不断增强，能实现集声音、文字、图像、视频的，低成本、高效率的通信服务，并与社交应用不断融合，比如打通邮箱、手机通信录、微博等产品；第三，手机即时通信工具平台化，将其他应用不断引入平台，提供更多附加服务。因此，我们需要密切关注手机即时通信在食品安全信息传播中传播迅速、受众面广泛的特点，积极开发手机即时通信在食品安全网络舆情应对中的应用。

微博成为公众推动舆情发展的重要平台

截至 2012 年 6 月底，我国微博用户数达到 2.74 亿，网民使用率为 50.9%[①]。微博数据是海量级别的，更新频率和传播速度非常快，极大地影响着中国互联网舆论的广度和深度。社会精英开通微博账户，希望通过这个传播迅速的平台将自己的观念传递给更多受众，成为意见领袖；媒体和记者纷纷开通微博账户，一方面可以快速获取新闻线索，同时建立通道与受众互动；商业机构在积极尝试"微博营销"；政府官员和管理部门也开始借助微博平台，塑造亲民形象，倾听民意。微博成为网民重要的信息获取渠道。除新浪、腾

① 中国互联网络信息中心：《第 30 次中国互联网络发展状况统计报告》，2012 年 7 月。

讯、搜狐、网易四大门户网站之外，人民网、新华社、中央电视台等新闻媒体以及天涯、Tom等社交媒体推出了自己的微博，“百度i吧”、“google+”都具有微博性质，甚至一些地方性、行业性门户网站也都顺势推出了自己的微博平台。目前，微博平台以新浪、腾讯两家独大，注册用户分别都突破2亿个[①]。

社交网站（SNS）的社会动员威力巨大

2012年上半年，中国社交网站用户数增长至2.51亿，网民使用率为46.6%[②]。社交网站为了更好地服务于人们的社交需求，正在向综合社交平台发展，集成了博客、论坛、微博客、视频、游戏等多种互联网服务；同时，在用户互动关系基础上流通的信息是经过好友的信息筛选，信息的质量较高，用户体验提升。另外，社交网站用户间的信息发布和分享，提升了朋友间的关注度。在食品安全事件中，如果事件缘起于社交网站，在用户中的传播速度就会非常迅速；而且由于社交网站各版块之间人员的交叉性，即使食品安全信息只是在社交网站内部传播，其受众面也已经非常广泛。

专业化论坛集群效应明显

当人们需要对某个热点事件作出全面、深入、理性的了解和分析时，论坛/BBS有着不可替代的作用。论坛/BBS所具备的整合、分类、深度挖掘等优势，能对纷繁杂乱的舆论进行梳理和价值导向，信息实效性虽不如微博，但沟通的有效性较高。总体而言，网络社区对食品安全事件的反应多是微观的、个别的，具有零碎的特征；同时，对食品安全事件的反应也是丰富的、多样的。网络社区网民一方面指责不良商家缺乏伦理道德；另一方面，也把矛头指向了政府，包括法律的缺失、监管的不力、制度的漏洞等等。食品安全事件是与

① 人民网舆情监测室祝华新、单学刚、胡江春：《2011年中国互联网舆情分析报告》，2011年12月。
② 中国互联网络信息中心：《第30次中国互联网络发展状况统计报告》，2012年7月。

每一个公民最息息相关的，防止食品安全问题在主题性、群体性较强的网络社区中形成食品安全舆情危机是值得关注的问题。

[案例]2011年3月“染色馒头”事件

[事件载体]论坛传播——百度贴吧使“染色馒头”事件声势浩荡

[事件梗概]2011年3月29日，中央电视台《消费主张》栏目曝光了“染色馒头”事件。事件曝光后，就有网民在百度贴吧里创建了“染色馒头吧”，网民们纷纷在“染色馒头吧”中就“染色馒头”事件及其他食品安全事件进行交流。截至2012年6月16日，百度贴吧中与食品安全相关的主题数为2889个，贴子数为16547篇，会员数达737人。

[事件启示]百度贴吧是一种基于主题的深度交流社区，集合对主题感兴趣的人进行封闭式深入交流，在网络社区中占有非常重要的地位。从“染色馒头吧”到其他食品安全主题的贴吧可以看出，以百度贴吧为首的专业化论坛充当了食品安全网络舆情载体，而且其影响极大。

博客名人带动效应明显

截至2012年6月底，我国博客和个人空间用户数量为3.53亿，在网民使用率方面，博客和个人空间用户占网民比例为65.7%[①]。在内容上，博客文章专业性较强，作者的知识水平、书面表达能力较高。虽然博客的互动性不如微博或社交网站，但由于“公共知识分子”这一特殊群体更倾向于对问题作更加客观、详细的分析，博客在网民当中仍然是应用非常广泛的。同时，名人博客的影响力不容小觑，名人在博客中的影响力和号召力使其容易汇聚网民的反馈。对于敏感性很强的食品安全问题，需要密切跟踪有影响力的博客反应，及时发现问题、解决问题。

① 中国互联网络信息中心：《第30次中国互联网络发展状况统计报告》，2012年7月。

[案例] 2011年3月双汇集团“瘦肉精”事件

[事件载体] 博客传播——名人博客吸引公众关注双汇“瘦肉精”事件

[事件梗概] 2011年3月15日，中央电视台《每周质量报告》栏目曝光双汇集团济源公司连续多年收购含“瘦肉精”的猪，尿检等检测程序形同虚设。经济学家叶檀就在博客上针对该事件发表题为《双汇发展是面照妖镜》的评论，一经发出，立即引发众多网民的共鸣。截至2011年5月24日，该博文点击量达27707人次，评论有205条。

[事件启示] 博客作为食品安全信息传播的又一载体，其影响力之大和传播速度之快不容忽视。所以，在分析食品安全网络舆情问题时，应该全面解剖博客这一载体的舆情传播机理，以便有效地控制食品安全网络舆情在博客上的动向。

1.2.4 时空因素

王来华把舆情空间定义为，舆情（即民众对国家管理者的社会政治态度）形成、变化和发生作用的地方，是一种容纳舆情主客体、中介性社会事项、硬软场环境在内的多维或多元“互动”的社会空间①。舆情空间有软、硬之分：舆情空间的硬空间指的是舆情发生的各类有形的场所，它包括组织或团体空间（如教育场所、工作场所、朝觐场所等）、地域生活空间（如居住区和社区等）、设施空间（社会场馆或其他社会场所）、日常生活空间（家庭、日常交往、文娱生活、商品或服务买卖、生活活动场所等）等。舆情空间的软空间是那些制约民众舆情的无形内容，大致分为：秩序规定因素、角色规定因素、目标规定因

① 王来华：《舆情研究概论——理论、方法和现实热点》，天津社会科学院出版社2003年版。

素以及民族文化传统因素等。网络舆情空间是舆情空间在互联网上的延伸和拓展。

在日常生活中可能存在很多话题，未必都能吸引公众的注意。但当与公众健康利益密切相关的食品安全问题出现时，舆情可能被激发。舆情一旦形成，总要存在一段时间，并在个人以及社会环境因素的影响下不断变化和发展。由于食品安全涉及公众最切身的健康利益，刺激强度更大，食品安全网络舆情持续的时间也相对较长。反之，假如隐含的矛盾得到及时解决，或者很快失去了公众的关注，舆情就难以持续较长的时间。群体压力也会使舆情在时间上纵向延伸，这是心理持续性的表现。另一方面，食品安全涵盖从农田到餐桌的全程供应链体系，食品安全问题可能发生在食品供应链体系中的任何一个环节，每一个环节由于受到信息互动条件的限制，在食品安全网络舆情事件中可能会带来不同的影响。在原料供应环节，由于原料供应主要来自于松散的农户、养殖户，相关信息来源分散、传递速度较慢，政府给出准确报告的周期较长，因此如果出现关于食品原料的安全舆情，比较容易引起公众的猜测和恐慌。如果是食品生产加工环节出现问题，对于大型的生产加工企业，政府均要求建立准确的食品加工档案，然而公众对于企业的诚信存在一定的疑虑，所以在此类食品安全网络舆情出现的时候，需要企业和政府有关部门及时在各自网站发布相关信息，及时解除公众的疑虑。而对于没有资质的小作坊的加工行为，则需要网络媒体和传统媒体共同合作、深入调查，及时给公众合理的解释。如果食品安全问题发生在销售环节或消费者食用环节，其网络舆情更多呈现的是对食品流向以及误食后应急措施的需求，所以政府应当及时在权威网站提供透明、有效的食品召回办法，危险食品鉴别方法以及误食后的应急信息，指导公众进行有效的应对，防止网络舆情可能造成的恐慌进一步扩大。

1.2.5 情绪、意愿、态度和意见

网络舆情的产生是一种复杂的、表现为“刺激—反应”的心理过程。公共事务含有的刺激性信息激发了公众对某一具体议题的情绪、意愿、态度和意见，并包含行为反应倾向。它们不是简单的叠加，而是按照从浅显到深刻、从感性到理性、从内隐到外显的顺序发展的。

情绪

情绪是人对客观事物态度的体验，是人的需要获得满足与否的反映。人类的需要是多种多样的，因而也会产生复杂多样的情绪。公众的利益得到满足，就会产生积极情绪，如高兴、喜悦、满意；若是公众的利益受到损害，就可能产生消极情绪，如悲痛、愤怒、生气等。如果刺激性足够大，加之公众原有心境的影响，就会出现一些消极或极端的情绪表现，例如狂怒、恐慌等等，这种舆情在突发性事件中最容易出现。因此，情绪化是舆情的一个重要特征。

食品安全事件关系到公众的基本生活的安全性，因而其网络舆情倾向于问题揭露与现实批判，互联网成了公众情绪发泄和言论发表的天然平台。尤其是遇到食品安全重大事件和突发事件，不满和失望的情绪便会通过互联网集中表现出来，公众比较容易出现出乎意料的、高度紧张的情绪状态。

意愿

舆情还能透露出公众的愿望、心愿，即意愿或意向。公众之所以希望将舆情表达和传播出去，就是想表达对于解决公共事务抱有某种期望、建议或要求，并尽可能地施加意志的影响。舆情中的意愿一般表现为以下几种形式：一是期望，即希望政府或相关部门采取某些措施或具体行动，使事态向自己期待的某种确定的方向发展。二是建议，即提出具体的行动方案，供决策者参考，以得到有关部门的高度重视。三是要求，要求比期望和建议更加直白，直接表明

了人们希望看到的结果是什么。四是号召，即对人们进行动员。网络签名活动就是典型的号召行为，凡是同意该主张的人，都可以通过签名表示支持。

食品涉及的物品种类非常广泛，部分食品安全问题具有潜伏期，因此可能导致食品安全问题暴露周期很长；同时由于受到科学技术发展水平的影响，部分食品安全隐患不容易被发现。在这种情况下，公众对于食品安全问题的意愿是非常明确和显著的。公众由于受到文化知识水平的限制，不能科学、全面认识食品安全问题，当发生食品安全网络舆情时，很容易受到舆情导向的影响，因此急于了解食品安全问题的真相，并会积极主动地提供线索供他人参考。如果政府不予以及时反馈，一方面可能失信于公众；另一方面，可能造成食品安全恐慌情绪迅速蔓延，不利于及时解决问题。

态度和意见

所谓态度，指个体自身对社会存在所持有的一种具有一定结构和比较稳定的内在心理状态。目前大多数社会心理学家对态度所持的是一种“三元论”的看法，即认为态度是由认知、感情和行为倾向，即“知、情、意”三个部分组成。美国舆论学者威廉·艾尔贝格分析了意见与态度的关系，认为意见是态度的语言表达。所以，任何一种意见，都包含了态度中的“知、情、意”三个成分，并且具有两个显著特征：陈述性和倾向性。未经语言表达或陈述的态度，只能算作一种心理状态，构不成现实的意见；不带倾向性的客观陈述，也只属于科学研究的范畴，不是舆情、舆论或民意意义上的意见。因此，态度和意见就构成了舆情中公开与非公开、内隐与外显的成分。

对于态度和意见形成与改变的研究，可以帮助我们认识食品安全网络舆情引导问题。江苏省食品安全研究基地组织的对江苏省范围内城镇居民所进行的消费者调查显示：消费者普遍意识到存在食品安全问题，对当前食品安全状况的评价不是很乐观，并认为企业片面追求利润、信息不对称和某些地方政府监管不到位是产生食品安全问题的三个主要原因[①]。食品安全的基本保障具有公共品的特征，政府部门应当充分承担责任，为改善食品安全的环境而努力。为了应对食品安全问题以及满足购买安全的心理需求，消费者更加关注食品质量安全信息和食品标签上的信息，但现实的问题是不仅食品信息的质与量存在多重缺失，而且现有少量能够反映食品质量与安全的信息缺乏有效的传递机制。因而，消费者需要更准确的信息，甚至是食品生产全过程的信息，这就需要向消费者传递更多、更准确的食品质量安全信息。食品安全网络舆情引导的实质就是通过一定的方法或手段，使消极或不利的舆情转变为积极、有利的舆情。对于食品安全网络舆情的引导问题，可以借鉴劝说法、暗示法，以及团体影响等方法，采用典型报道、深度报道、新闻评论、意见领袖等具体引导方式。

[案例] 2009 年 7 月“一滴香”事件

[事件梗概] 2009 年 7 月初，知情人爆料有的米线中放的是劣质“一滴香”和罂粟子油。随后,《中国质量报》发文称“一滴香”长期用于餐饮行业，经各地媒体报道后，引发公众热议。2009 年 9 月，中央电视台《经济信息联播》栏目播出有关“一滴香”面目的新闻调查，引发网民关注。2009 年 10 月 1 日，国家颁布《食用香精标签通用要求》。10 月 10 日，中央电视台《焦点访谈》栏目播出“一滴香”专题报道。中央电视台等媒体的助推，引发新一轮网民关注与热议。

[事件启示] 食品安全事件发生后，公众希望能通过各种渠道获得相关信息。传统电视媒体、网络媒体采取不同的报道形式，可以让

① 吴林海、徐玲玲:《食品安全：风险感知和消费者行为——基于江苏省消费者的调查分析》,《消费经济》2009 年第 2 期，第 42—44 页。

公众尽快了解事情真相，避免造成恐慌。政府部门适时制定相应规章政策，也有利于舆情向积极、有利的一面发展。

强度、质和量

现实生活中的食品安全网络舆情强度，往往通过互联网上相关主题的文章数量等方式来体现。相当程度上的食品安全网络舆情表现为一种内在态度，其强度需要通过食品安全网络舆情调查来测量。食品安全网络舆情调查中常借用各种意见或态度量表，例如语义差异量表、社会距离量表、等线间隔量表等，来分析食品安全网络舆情强度。量表中对于食品安全网络舆情客体的态度通常提供多个选择阶梯，例如“很满意”、“比较满意”、“无所谓”、“不太满意”、“很不满意”等。通过对调查数据的统计，可以发现不同强度的食品安全网络舆情分布情况。如果持有负面食品安全网络舆情的人占很大比例，那么，或者说明该食品安全网络舆情客体自身存在问题，从而导致民众的不满，或者说明民众情绪躁动，成为社会不稳定因素。因此，调查结果经过反馈之后，相关部门需要根据食品安全网络舆情来调整政策，采取积极的引导方式，使食品安全网络舆情走向有序化。影响食品安全网络舆情强度的首要因素是食品安全网络舆情客体与公众期待或认识之间的差距，差距越大，负面情绪和意见的强度也就越大。

在互联网这个虚拟空间中，食品安全网络舆情的强度往往是靠网络言论的措辞、语气、含义等来传达。而网络行为方式，例如网络侵犯行为，则显示了更大的舆情强度。对网络舆情强度一般通过观察法、网络访谈和座谈法、网络调查法等得到较为直观的了解，运用内容分析等方法可以对舆情信息的分布、强度和倾向进行更为深入的分析。

食品安全网络舆情的“质”是指舆情所表达的信念、价值观、情绪的理智程度等。人们对食品安全网络舆情是否具有决策参考价值的怀疑主要是来自对其质量的疑问。互联网的传播特性、网络舆情主体的结构、网络舆情形成和变动的过程等都能成为影响食品安全网络舆情质量的因素。首先，互联网的自由性、交互性、匿名性等传播特性，为人们真实地表达情绪和意见提供了最佳的条件。所以，人们在网络上的舆情表达变得无所顾忌，言论分散，真假难辨。其次，网络舆情主体主要是以学历相对较高的年轻人为主，其中又以男性居多。这说明网络舆情不具有广泛的代表性，它只代表了某个或某些阶层的情绪和意见，不能以网络舆情来充当民意。最后，网络舆情是一种群体意见，因而它带有较强的自发性和盲目性，它的变化、发展不仅受到自身固有成见的影响，还受到社会环境因素的影响。这些外界因素变化也会经常不断地引起舆情的波动。因此，食品安全网络舆情还显示出不稳定和多变的特点。

食品安全网络舆情的“量”，指食品安全网络舆情事件中舆情信息的数量。由于食品安全问题同人们自身利益关联较大、能够吸引公众兴趣，人们会纷纷发表意见，阐述自己的观点，在网络论坛或聊天室里形成讨论的热点。数量从侧面反映了舆情的强度、倾向以及发展态势，大量且集中反映某一社会问题的舆情信息无疑是舆情信息工作关注的重点。

1.2.6 构成要素关系

当网民、政府或者媒体提出某个食品安全公共事件后，这个食品安全公共事件可能发生在食品供应链的任何环节，而各主体通过手机即时通信、微博等载体迅速表达自己的情绪、意愿、态度和意见，并推动食品安全网络舆情的发展。对网络舆情强度、质和量的监测，可以为政府进行食品安全网络舆情的引导提供线索。

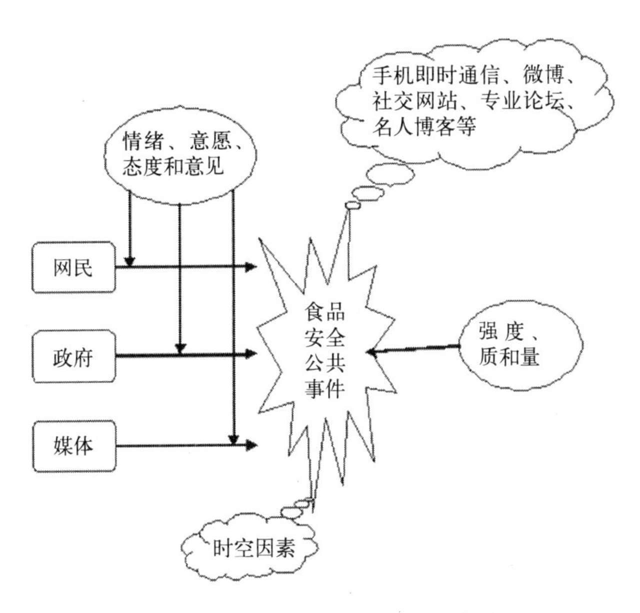

图1—1 食品安全网络舆情构成要素关系图

1.3 食品安全网络舆情的主要特点

由食品安全风险引发的食品安全事件一旦发生，将迅速在时空中传播、扩散，广大网民能够迅速通过新闻跟帖、论坛上帖等方式形成食品安全网络舆情，并引起公众的情绪化反应。因此，研究食品安全网络舆情的特点，将有助于政府管理部门采取针对性措施，对食品安全网络舆情进行有效监控，对食品安全舆论进行有效引导。

1.3.1 信息不对称性

信息不对称是指在市场经济活动中，各类人员对有关信息的了解是有差异的。掌握信息比较充分的人员，往往处于比较有利的地位；而信息贫乏的人员，则处于比较不利的地位。就特定的食品安全问题而言，一般来说，企业是食品安全信息的主要拥有者，掌握所生产食品的全部安全信息；而消费者就是食品安全信息的匮乏者，需要依据生产者提供的信息了解食品的安全信息。如果企业没有及时向消费者披露有关食品安全的信息，而任由消费者根据自己所能收集到的不充分的信息进行猜测并在网络平台上进行评论和转发，势必会给食品安全事件带来雪上加霜的后果。换言之，企业充分认识并及时采取措施消除食品安全事件网络舆情中的信息不对称状况，可以使企业从食品安全事件中转危为安。此外，政府部门也应采取相应的措施，消除食品安全信息不对称性在网络平台上企业与消费者之间的传播和蔓延。目前，在涉及食品安全监管各个环节的政府部门网站均设置了信息公开专栏，供公众查阅相关信息。但政府食品安全信息披露的范围和内容狭窄，信息质量偏低；对于政策性信息、部分新闻媒体信息的披露偏多，而深层次信息很少，食品安全信息的披露普遍落后，大部分采摘于各媒体，如报纸、网站等，缺乏与各部门自身监管职责相关的食品安全信息；食品安全教育与培训信息严重不足，更缺乏食品安全风险评估和预警信息。在这种情况下，政府部门网站公布的食品安全信息与网民收集的食品安全信息就存在信息不对称，而这种不对称性会使网民在食品安全事件中产生“逆向选择”效应，使得网民对政府部门发布的食品安全消息失去信心，加剧猜疑，使食品安全网络舆情的势头进一步蔓延。因而，相关职能部门应加强信息采集和分析能力，形成系列化、专门化和专业化的信息集成体系，并在相关网站的各个栏目中，对相互关联的食品安全信息进行分类整理，减少食品安全网络舆情的信息不对称性。

1.3.2 波及面广泛

网络社会的崛起，促使一支全新的“大众”队伍浮出历史地表。而虚拟空间的充分赋权，使得这支新的、具有平民色彩的“大众”队伍成为一个巨大的“话语源”。网民的话语数量、能量不断增加，话语意识、能力不断增强。以历史的眼光观察，庞大的网民队伍或网络大军是随着网络快速发展和网络社会化而逐渐形成的。网络应用的拓展和上网成本的降低，使民众“触网”或上网的“门槛”日渐降低，网民队伍越来越庞大，呈倍数增长。在网民队伍扩展进程中，网民的草根化、低学历化趋势也在逐步显现。网络所能提供的匿名或隐身技术，则又赋予了个人言说又较少承载因言说产生的社会压力或威权干预的机会。网民的意见表达和信息传播在相当程度上突破了传统“把关人”的审查，把个人电脑变成了公共生活“界面端”，在卧室、办公桌、网吧等幽暗处即可“公开喊话”。网络中的信息与意见的发布不再是某种特权，每个用户都可充分行使“话语权”。由于网络的话语赋权，各种各样的虚拟团体和网民个人在网络社区、博客、论坛中发表着种种不同的意见与主张。

由于食品安全问题涉及的食品种类繁多，食品安全问题的发生点可能位于食品供应链的任何环节，食品安全问题牵涉到每个人的生活品质，因此，食品安全网络舆情可能会由某一问题食品延伸到同类食品，由食品供应链上的某个环节延伸到包括原料供应商、加工制造商、食品物流商、食品销售商在内的所有环节，可能由食品企业延伸到食品检测部门、监管部门，其波及面非常广泛，如果不加以及时控制，其恐慌效应是非常显著的。

1.3.3 极化现象明显

根据伊丽莎白·诺尔—诺曼的沉默螺旋理论，舆情的形成过程是一种意见的表明和沉默的扩散螺旋式社会传播过程。由于舆情的形成是大众传播、人际传播和人们对意见环境的认知心理三者相互作用的结果，经大众传媒强调提示的意见具有公开性和传播的广泛性，容易被当做多数或优势意见所认知。这种环境认知所带来的压力或安全感，会引起人际接触中的劣势意见的沉默和优势意见的大声疾呼的螺旋式扩展过程，并导致社会生活中压倒优势的多数意见。

在食品安全网络舆情中，由于政府提供的相关信息过于狭窄，同时，对食品安全问题的认定需要借助科学的技术手段进行准确的查实，难以在短期内给公众一个全面的解释，因而公众倾向于借助虚拟网络跨越现实关系的羁绊，在更为广阔的世界里找到“同声相求、同气相求”的同道。网络中信息的分布和流动不再是线性而是网状，不再是一律而呈现了个性化，人群被不断细化。突发事件网络舆情的极化表现在多个层面：一是议题的极化。在舆情扩散初期，由于多样化、个性化网民的“众声喧哗”，网络舆情表现多样、形式多元，网民没有统一的议题。在扩散过程中，一些网民会放弃对事件的持续关注而转向其他议题，这时网络精英的话语或引导作用较为凸显。网络上只留下了网络精英或推客不断发布并获得极大认同或关注的言论，这些言论往往表达了几个议题或取向。在交锋过程中，一些议题逐渐消散，另一些话语得到了强化，于是形成了舆情议题越来越少而舆情烈度越来越强的分化态势。舆情在扩散过程中，指向不断变动，早期的舆情容易受到新闻报道方式、角度、环节的影响，舆情容易指向某个单一的角度，如指向施害人，指向事件真相、事件过程等。而随着新闻报道的增加，舆情的指向会越来越多元化，不仅指向事件本身，也指向事件背后的动因、事件参与者的道德评判、事件根源的深刻分析，并泛化到体制、制度和社会环境。由于诸多网民的不同角度的兴趣、思考、分析和认知，网络舆情的指向不断增多。

1.3.4 信息混杂

互联网络平台的开放性和自由性导致在互联网上信息的多元化，从主体来看，可能有不同年龄层次、不同学历、不同专业背景的网民言论，也有不同层次、不同区域、代表不同利益集团的媒体的各种报道和评述，还会有政府监督管理部门的公开信息。在鱼目混杂的信息中过滤出权威信息并扩大权威信息的传播面和接收面，是正确引导舆情发展的重要路径。因此在食品安全信息的需求中，无论是制定政策的各级主管部门、实际进行生产的企业，还是消费者，最需要的不是未经加工的原始信息，而是经过专家研究和分析的权威性信息。另一方面，在出现食品安全事件之后，政府网站的应急反应速度总是慢于网络媒体、网民。往往在网络媒体迅速跟踪报道之后，政府相关权威部门才发表声明，而且部分声明的内容有时候与媒体的报道和网民对事件的搜索挖掘信息不同。在公众信任度不高的情况下，这种状况极有可能引起食品安全更大的一波舆情。

[案例] 2010 年 7 月“金浩茶油”致癌事件

[事件梗概] 2010 年 7—8 月，因“维护社会稳定”,“金浩茶油”致癌的消息未发布。8 月 19 日，微博有消息称,“‘金浩茶油’致癌，大家注意使用”，8 月 20—30 日，新浪网、新华网等各大网站转载这则新闻，迅速以大众传播方式传播，引发公众热议。9 月 1 日，金浩公司正面作出回应，并道歉。9 月 8 日，湖南省质量技术监督局称欢迎媒体的采访。

[事件启示] 微博、论坛、门户网站先于政府、企业作出回应，引起了公众的不满与恐慌，尤其是为了“维护社会稳定”而没有发布相关信息再次引发舆论高潮。相关政府管理部门丧失公信力，公众认为知情权受到扼杀，呼吁启动问责机制。

1.3.5 交互分布不均

与传统媒体单向的信息传播通道相比，网络传播最大的特点在于：网络是一种双向的、交互式的信息传播通道。换言之，网络的最大价值，不在其信息的海量和传播的实时性，而体现在它的交互性上。网络舆情的互动性，不仅体现在信息反馈力度上，也反映在获取信息的主动性上，因为民众可以一改被动接收信息的状况，利用搜索引擎技术去主动检索信息。在对某一问题或事件发表意见、进行评论的过程中，许多网民常常通过发帖或跟帖表明自己的立场和观点，参与讨论。这种网民之间的互动性实时交流，使各种观点和意见能够快速地表达出来，使讨论更广泛、更深入，网络舆情能够得到更加集中的反映。网络舆情的交互性，主要体现为网民与政府、网民与网络媒体的互动以及网民之间的互动。在网络中，每个节点既可以是传播者，也可以是传播渠道，同时也可以是接受者。突发事件网络舆情扩散中的交互性表现在多个层面：不同形态媒介间的交互。不同的媒介类型之间会相互链接、相互设置议程，在新闻报道和舆情扩散过程中，各个媒介的边界与差异不再凸显，事件的舆情在多个媒介上扩散。除了不同媒介间的交互外，还存在同一类型媒介内部的交互。就网络自媒体而言，其信息或舆情的传播与网民个人的阅读、转载等习惯密切相关，如网民将某个论坛中的帖文转载到个人博客、空间等，有时也会将某个帖文从一个论坛转载到另一个论坛，从一个群组发布到另一个群组。由于网民群体是巨大的、分散的、零碎的，其关注、阅读、转载等行为也多种多样。网民之间经常形成互动激发，赞成方的观点和反对方的观点同时出现，相互探讨、争论，相互交汇、碰撞，甚至出现意见交锋。因此，自媒体平台内部的舆情交互表现得更为活跃和充分。而在食品安全网络舆情中，网民最迫切需要的是与国家管理者的互动。公众对国家管理者的社会政治态度是最受关注的舆情内容。

1.3.6 突发性

舆情更多的是人们对于某事件的发生所表现出来的感性反应，具有突发性的特点。网络传播的全时性、高效性、交互性，更加令网络舆情的爆发成为可能。网络媒体与传统媒体的最大差异在于对信息的整合，这种整合体现在时间和空间两个维度。在时间维度上，网络媒体把时间的占有权完全交给了受众，通过全天候的信息传播与实时信息发布，公众可以在任何时间就感兴趣的话题进行讨论，这无疑增大了公共事件的冲击力；在空间维度上，通过超链接的方式，可以从横向上把一些相关的事件围绕一个主题展现在网民面前，传播模式从传统的单向直线式变成交叉网络式。这种方式使得各种意见可以经由不同渠道，从四面八方汇集，并迅速形成舆论浪潮。特别是当谣言等虚假信息经由网络传播时，它们比经传统媒体的传播具有更大的冲击性和破坏性。由于这类信息可以经由网络迅速扩散，极易造成舆情的瞬时爆发，对社会心理、民众情绪产生极大的干扰，影响人们的理性判断能力，从而造成混乱，影响社会稳定。

1.3.7 即时性突出

在互联网上，人们的交流不仅有时间上同步互动的特点，还表现出即时性表达的特点。时间是影响舆情价值的重要因素。在传统媒体时代，国内外的一些重大事件、突发事件通过报刊、广播、电视进行报道和评论后，经过一段时间才有可能在这些传统媒体上看到或听到读者来电、来信一类的言论，且数量有限。在网络环境下，舆情的传播和表达具有了较高的时效性。一些大型门户网站更加突出了反映重大事件的原创性言论的即时性，每天发表一篇甚至数篇文章，及时反映公众对新闻事件作出的评论和看法。通过网络媒体迅捷的报道，网民在获知新闻事件的第一时间内就可以在网上发表言论，交换想法，网络媒体赋予舆情表达的即时性特点是传统媒体望尘莫及的。

第二章

食品安全网络舆情的生成机制

当食品安全问题出现并在网络上大范围传播和扩散时，公众通过多种渠道尤其是通过网络媒体了解相关情况后再加上自己的主观判断，形成自己对食品安全问题的观念、态度，并通过网络在更大的范围内传播。由于食品安全问题是最基本的民生问题，涉及公众身体健康，加上部分公众、媒体、政府管理部门缺乏相应的食品安全的专业知识，这种大面积、大范围的涟漪效应极易造成公众对食品安全的恐慌行为，诱发抢购、停购等消极市场行为，甚至造成不同规模的群体上访事件，危及社会稳定。在风险社会中，任何一种公众恐慌行为所带来的危害都难以估量，日积月累所产生的社会负面影响难以消除，其后果远远高于即期的市场危害。为此，了解食品安全网络舆情的缘起、生成模式与分析方法，从理论上把握食品安全网络舆情的内生机理，对规避食品安全网络舆情的负面影响具有积极的意义。本章主要从直接诱因、现实逻辑、根本原因、间接原因与隐匿原因等5个方面多维度总结食品安全网络舆情的缘起，分析食品安全网络舆情生成所呈现的特征，在此基础上引入螺旋效应、蝴蝶效应及涵化效应，结合案例分析，对食品安全网络舆情的生成效应展开较为详细的分析，并基于网络媒体时代变迁的背景，深入探讨食品安全网络舆情的生成模式与演化。

2.1 食品安全网络舆情的缘起与生成特征

一般而言，食品安全事件发生的概率与一个国家经济社会所处的发展阶段密切相关。科技发达、法制健全、管理严格的国家，较少地发生食品安全问题，食品安全风险处于相对安全的运行区间，食品安全风险具有可控的基本特征。正如国际上所公认的，食品安全问题是一个世界性的问题，食品安全事件不仅在中国发生，在国外也发生，不仅在发展中国家发生，在发达国家也发生，食品安全在任何国家都不可能也难以实现零风险，只不过是食品安全事件的起因、性质、表现方式和数量不同而已。重大食品安全事件一旦发生，不仅涉及公众的身体健康、生命安全和心理健康，还涉及整个行业乃至一个国家的声誉。2005 年的比利时“二噁英”鸡污染事件发生后，比利时所有的生鸡被超市清出货架。这次事件经媒体披露后，成为比利时民众引起强烈反响的热点舆情，使执政长达 40 年之久的社会党内阁垮台，并在进口比利时禽蛋、肉制品的其他国家引起更大范围恐慌，各国、各地区纷纷采取一系列严格的控制措施，包括欧盟各国、美国、南非、沙特阿拉伯等，并迅速蔓延至亚洲的马来西亚、新加坡、泰国、中国台湾、中国香港和中国大陆等。表面上看，食品安全事件是涉及民生的敏感事件，食品安全网络舆情集中表现为多数民众停止消费的倾向。然而在深层次上，食品安全网络舆情是在媒介信息技术高度发达的风险社会中，公众不安全感的集体释放，及公众对政府完善食品安全治理的需求和对媒体正确引导的强烈呼声。因此，从本源上探讨食品安全网络舆情的诱因，有利于廓清食品安全网络舆情的内在生成机制，从而梳理治理思路，建立全方位、立体的食品安全网络舆情监管框架。

2.1.1　直接诱因：食品安全事件扎堆出现

近年来，食品安全事件不仅在国内频频发生，而且在食品安全管制极为严格的发达国家也屡屡爆发。国外典型的食品安全事件有日本明治牛奶、英国雀巢奶粉、德国黄瓜等。国内食品安全事件比较瞩目的，当属“染色馒头”、“毒豆芽”、“地沟油”、“蒙牛致癌门”、“瘦肉精”、“塑化剂”、“皮革奶”、“毒胶囊”等。以食品质量高自我标榜的众多国外进口食品也不能幸免，例如味千拉面、明治奶粉、可口可乐等。食品质量难以保障，使得人们谈食色变，牵动着公众的敏感神经。表2—1、表2—2和表2—3，罗列了近年来影响较大的国内外食品安全事件。

表2—1　2008—2010年间国外发生的较为典型的食品安全事件

国　家	时　间	事　件
美　国	2008年	沙门氏菌
	2009年	花生酱
	2010年	沙门氏菌污染鸡蛋的疫情、麦当劳“麦乐鸡”
德　国	2004年	亨特格尔奶粉“坂歧氏肠杆菌”
	2010年	“二噁英”污染鸡蛋、鸡肉、猪肉事件
韩　国	2004年	“垃圾饺子”
日　本	2007年	“不二家”糕点企业使用过期原料
	2008年	高级日本料理集团“船场吉兆”篡改产品保质期、“毒大米”事件

表2—2 2011年相关国家发生的较有影响的食品安全事件

国　家	发生时间	主要事件
英国	2011 年 2 月 25 日	召回含牛奶成分的无柑橘蛋糕
	2011 年 2 月 25 日	召回 4 批 Tesco 牌美味套餐
	2011 年 3 月 14 日	某公司召回未标注牛奶过敏原的年糕
	2011 年 3 月 16 日	某公司召回海虾鸡尾色拉
	2011 年 4 月 1 日	某公司召回罐装肉饼
	2011 年 5 月 19 日	某公司召回有机巧克力糖球
	2011 年 4 月 9 日	雀巢奶粉含有重金属
加拿大	2011 年 2 月 18 日	零售禽肉中发现超级细菌
	2011 年 3 月 3 日	安大略省某公司召回感染李斯特菌的奶酪
	2011 年 3 月 17 日	召回进口的草莓味乳清蛋白
	2011 年 7 月 26 日	Aliments Prince 公司的碎熏肉样本中检出李斯特菌
	2011 年 8 月 19 日	渥太华市的农田大蒜中检出马铃薯茎线虫
	2011 年 10 月 3 日	True Leaf Farms 牌生菜被李斯特菌感染
日本	2011 年 1 月 24 日	爆发鸡类禽流感事件
	2011 年 2 月	西兰花沙拉感染沙门氏菌导致食物中毒事件
	2011 年 3 月 21 日	农产品受核污染
	2011 年 5 月 2 日	烤肉连锁店发生食物中毒致死事件
	2011 年 12 月 11 日	“明治 STEP”牌奶粉部分产品检出放射性元素铯
德国	2011 年 1 月 8 日	鸡蛋及家禽被检出含有“二噁英”
	2011 年 5 月 28 日	食用“毒黄瓜”而感染肠出血性大肠杆菌事件
印度	2011 年 4 月 8 日	“毒面粉”事件
	2011 年 4 月 8 日	饮用水惊现“超级细菌”
	2011 年 12 月 15 日	爆发掺杂甲醇的假酒事件
澳大利亚	2011 年 3 月 5 日	召回疑染沙门氏菌的鸡蛋
法国	2011 年 6 月 17 日	7 名儿童感染大肠杆菌
意大利	2011 年 12 月 26 日	橄榄油掺假事件

表2—3 近年来国内发生的较有影响的食品安全事件

时 间	事 件
2008 年	“三鹿”三聚氰胺奶粉、广元柑橘“生蛆”事件、新疆人造“新鲜红枣”、“思念”水饺
2009 年	农夫山泉含砒霜、王老吉“夏枯草”、“咯咯哒”问题鸡蛋
2010 年	“化学火锅”、“一滴香”事件、“圣元”奶粉“早熟门”、“地沟油”、“毒豇豆”
2011 年	沈阳“毒豆芽”、湖北“毒生姜”、安徽“牛肉膏”、重庆“毒血旺”、双汇“瘦肉精”、蒙牛牛奶“致癌门”……

由上述相关列表可见，食品安全问题是一个世界性问题，即使在监管严厉的美国、德国、日本等国家也不能完全避免食品安全问题，只不过是减弱食品安全事件的负面影响并及早规避。相对而言，在我国，食品安全事件出现了明显的“扎堆儿”现象，上一波的影响尚未散尽，下一波的冲击又接踵而至。短时间内，同类问题频繁出现，不断叠加且得不到根治，逐渐消磨民众对于政府食品安全监管部门和相关行业解决问题的信心，形成共时性的某种情绪倾向和意见观点，容易瞬间爆发，产生井喷舆情。

2.1.2　现实逻辑：公众不安全感的集体释放

从心理学的角度来看，人都具有一种使自己已有的认知关系结构保持相对平衡不变的倾向性。一旦这种倾向性（包括破坏与强化）受到干扰破坏时，就会本能地产生否定性的评价及相应的情感态度（如不安、紧张、恐惧、不快等），并倾向于将之表达出来。在舆论活动中，舆论客体的出现无论是破坏还是强化舆论主体原有的认知结构，舆论主体都会在情感的诱导下对其施加影响，从而推动舆论活动的生成及进展。从食品安全网络舆情演变历史来看，网民发出“吃的放心本是最基本的权利，现在却成为了一种奢侈”的呼声，是公众对于食品安全积弊累积已久的情绪爆发，是长久以来积累的不安全感的集体爆发。据统计，2012 年 4 月爆发的“老酸奶”添加工业用明胶的网络舆情中，有 37.8% 的受访公众表达出对食品安全问题日趋严重的担忧。

2.1.3 根本原因：网络平台上的碎片化语境

碎片化的网络环境是舆论生成的重要缘起。互联网的普及尤其是 Web2.0 的盛行，使得网络媒介极大地延伸到了用户终端，为网民表达、参与、聚合资源提供了必要的条件；同时，网民选择权、接近权、参与权的行使取得了实质性的突破。微博等自媒体的高速发展，也使得这种微语境获得了空前的发展。这种碎片化的环境造成了传统社会关系、市场结构以及社会观念的逐步消解，取而代之的是利益群体的差异化诉求以及社会成分的碎片化分割。

（1）食品安全事件契合碎片化传播语境

有限的时间、感性的思维方式，促使简短、精练的表达成为大势所趋。网络计量学专家麦克·德尔沃曾对 Myspaee 中 6859 条评论的长度进行了统计分析，统计结果显示，其中有接近 95% 的评论长度仅有 57 个或 57 个以下单词。

除简洁之外，用词的后现代化特征和多元化趋势也是碎片化表达的表现方式之一。网络时代，用词的后现代化的叙述方式表现为否定、破坏、反正统、不确定……书面语和口语混用，新词与短语层出不穷。

近年来，一次又一次食品安全问题让越来越多的人感觉“举杯停箸不能食”。公众高度关注食品安全问题，但面对突发性的食品安全事件，往往不知该从哪里了解权威信息和正确的食品知识，于是网上对于食品安全的碎片式流行语由于其强大的传染性，可以跟上公众对于食品安全问题的跳跃性思维节奏和瞬间变动的情绪而大加流行。

（2）核心用户掌握话语权，易致网络舆论暴力产生

相对于传统媒体，互联网这种高度碎片化的环境更易于舆论的形成，且网络舆论正成为社会总体舆论中日渐重要、最具活力的组成部分。某一议题在这种碎片化的场域中引发了足够多的关注，便逐步演化成网络舆论。通常情况下，网络上的各种意见或见解都是由"版主"、"吧主"、微博加V的知名博主等类似的"意见领袖"来形成合意的。"四川广元蛆橘"事件的缘起本是在现实生活中发生的柑橘普通病虫害事件，但由于网络的通达性以及把关人作用式微，"意见领袖"可以非常方便地将这起生活中具有某种新闻价值的事件"转移"到虚拟社会中，并且任何人都可以转发或评论。当这种不正常的情绪积累到一定程度，或者被某些利益集团所利用时，便会形成一股强劲的网络舆论，并在网络空间的孵化下成为具有轰动效应的网络事件，甚至出现网络舆论暴力。所谓网络舆论暴力，是指在一定的时间和空间内，多数网民通过网络语言对某一事件的当事人表达相对一致的非理性意见，从而造成一定的不良影响甚至破坏的现象。"四川广元蛆橘"事件造成国产柑橘产业100多亿元巨大损失，就是其典型例证。以下为"四川广元蛆橘"事件回放。

[案例] 2008年9月"四川广元蛆橘"事件

[事件缘起] 2008年9月21日，四川省广元市旺苍县新生村村民张登操发现自家种植的柑橘出现异常，并向县农业局报告。次日，县农业局总农艺师现场确认发生了大实蝇疫情并将疫情上报给广元市农业局。但直到10月4日之前，广元市和四川省均未就此疫情向公众或媒体传达更多消息。直至2008年10月4日、5日，《华西都市报》才首次刊出两篇关于旺苍县柑橘暴发大实蝇疫情的公开报道。

此时，距旺苍县将疫情上报到广元市市政府已经近两周，旺苍县的“蛆橘”处理已近尾声。

[事件演进] 2008年10月下旬，一则短信迅即传播：“告诉家人、同事和朋友暂时不要吃橘子，今年广元的橘子在剥了皮之后的白须上发现小蛆状的病虫，四川埋了一大批，还撒了石灰”，伴随着这条短信蔓延开来的是人们对橘子的恐慌。与此同时，“蛆橘”的消息开始在网络、报纸、电视上泛滥。恐慌进一步扩大，通过网上的“柑橘”等简短词语传播，引发部分消费者恐慌，造成湖北、重庆、江西、北京等部分主产区和主销区柑橘销售受阻，销量大减，价格大跌。官方辟谣后仍未平息，柑橘产业损失惨重。

[事件启示] 在互动机制缺失的环境中，公众更加相信人际传播和群体传播，对监管机构、大众媒体要么盲从，要么不信任。这就致使“谣言短信”的迅速传播，造成了当恐慌情绪蔓延时，即使媒体一再发布“大实蝇属柑橘类果品寄生虫，不同于动物身体里面的寄生虫，所以不会造成人畜共患”等信息，公众也置若罔闻，继续用短信传递着碎片式信息。

大众媒体，尤其是网络和手机短信平台向政府的主张靠拢，各种舆论场趋于重合、一致，体现出媒体在权威声音和透明信息主导下的舆论自觉与传播责任，实现了大众媒体包括新媒体的理性回归，发挥了抵制网络舆论暴力的良性舆情导向作用。

2.1.4 间接原因：监管部门治理不善

毫无疑问，网络舆情突发事件考验着政府的舆情处置能力。由于我国现有的舆情监管体系依然采用传统的自上而下垂直管理方式，信息的传递仍然在单一渠道进行。这种管理模式在处理非紧急事件时可以发挥一定作用，但是网络舆情事件的爆发常具有井喷性、随机性和不确定性等特点。在网络舆论爆发时，公众迫切需要得到权威的信息。传统的管理方式不能形成一致行动的协调机制，尤其在处理跨地区、跨部门的舆情事件时，相关管理部门的反应显得滞后与不积极、不透明。事实证明，过去那种倾向于管制的，因其过分强调社会稳定和方便事件真相调查，从而先封锁消息或进行“冷处理”的办法，效果适得其反。这样的处理手法，不仅漠视了公众的知情权，更严重的是在突发事件发生后，由于政府的声音缺失或滞后，给流言甚至谣言的传播留下足够的空间。另一方面，由于网络本身是分散在各个部门进行管理的，加上现阶段相关部门在网络传播方面的人才、技术、法规等都存在诸多不足，也使得处理网络舆情突发事件的经验、水平比较低。这种长期积累的处置印象，使得大部分热点舆情的最后发展都指向政府公信力下降和治理不善。

[案例] 2011 年 9 月“地沟油”事件

[事件梗概] 2011 年 9 月 20 日，公安部指挥浙江、山东、河南公安机关破获一起团伙生产销售食用“地沟油”案件，一条集掏捞、粗炼、倒卖、深加工、批发、零售等六大环节的“地沟油”黑色产业链浮出水面，其以假乱真的制造技术及产量之高、产业链之完善、制造技术之精良让公众瞠目结舌。同时，公众对“地沟油”相关管理环节涉及的监管部门存在互相推诿的质疑声也不绝于耳。

[事件聚焦] 网民对相关管理部门监管不力、行动迟缓表达了强烈的不满，普遍认为“地沟油”几年前就出现了，现在才来打击，而且未落实监管责任，管理滞后。广大网民对制油售油者给予道德谴责并发出重惩呼吁，认为制售“地沟油”者缺乏良心，应该严惩不贷，不可姑息。对“地沟油”事件的原因，网民认为是利益驱动、社会缺乏公平正义、道德下滑、政府部门失职和油品行业垄断等造成的；网民对公安部门的打击行动给予称赞，认为应持续不断地铲除产业

链并加强对销售终端的监控。另一方面，部分网民表达了对专家的不信任，倡议改变饮食方式，并提出对“地沟油”的辨别方法。

[事件关键点]“地沟油”事件不是一朝一夕形成的。早在20世纪60年代，由于日本已经实施了《食品卫生法》，不法商人的违法成本高，所以中国台湾商人和日本商人勾结，将日本的“地沟油”搜集提炼后，制成食用油出口到中国台湾，造成影响恶劣的日本“地沟油”事件。与日本相比，我国在“地沟油”事件的监管上存在“六缺乏”：我们国家缺乏完整的废弃物再利用和食品再利用方面的法律，缺乏广泛而灵活的第三方NGO（Non-Government Organization）食品监管机构，缺乏将“地沟油”转化为生物柴油的有效鼓励措施，在餐馆层面缺乏严格管理和严厉追责，缺乏检测标准和技术，缺乏食品安全问题的信息透明意识和具体措施。根治“地沟油”问题确实是一场硬战。

[事件启示]解决“地沟油”问题既要各司其职，又要形成合力。政府必须增加“地沟油”流向餐桌的成本，并减少“地沟油”成为生物柴油的成本。目前仅有公安部和卫生部的行动仍然不足以彻底解决该问题，需要更多的相关部门采取协调行动。

另外，政府在诸多民生问题的回应上存在避重就轻的现象。在菜价问题上，政府强调“市场规律”、“天气原因”等，而对国企和相关部门在流通环节中抽取的利益避而不谈；在塑化剂问题上，提出“媒体黑名单”，称媒体不负责任的报道制造了紧张情绪。但是在信息高度流通的情况下，可以获得多方观点的民众很容易“识破”政府的说辞。目前民众对政府的信任感处于普遍下降的状态，政府任何推托责任、寻找外部原因的行为都有可能招致反感。

网上公共危机既然是一种公共危机，那么就需要以政府为主导的公共部门对其进行治理。从政府机构看，它们在网络传播中充当了引导和监管的角色。政府机构有责任、有义务引导舆论朝着良性的方向发展，并在引导过程中给予广大网民和网络媒介以积极的反馈。在这一点上，要特别注意采取与群众平等沟通的姿态，摒弃“官本位”的思想倾向，做好沟通前的准备工作，尽可能实现发布消息适时适地、管理过程公开透明的局面。这对于健康而理性的网络信息传播有着重要意义。

2.1.5　隐匿原因：网络霸权悄然滋生

王战平、黄谷来指出，网络霸权是某些人拥有着信息技术方面的优势或是占据着较关键的信息资源，出于某种原因来妨碍、限制或利用他人对信息的自由运用，以谋求自身对他人思想或行为的影响和控制[①]。这样的行为正不断地挑战着政府长期以来的信息垄断，也改变着传统媒体在当今社会的地位。

(1)把关人

在传统媒体中，新闻在被公布前会由相关人员进行筛选，公众看到的信息往往是经过取舍后的结果。在网络世界中，尽管以机构形式出现的把关人不是很突出，但代表了机构的网站的编辑人员、大型门户网站论坛的版主、一些“粉丝”数量多的微博博主等，他们的筛选行为在一定程度上影响着言论。若他们做出不顾职业操守的事情，对热点事件和敏感话题进行不当的“把关”，则有可能引发更为深重的网上危机。在近几年出现的典型食品安全网络舆情中，把关人严重缺失，媒体出于吸引眼球的需要，往往看重甚至夸大负面新闻，以获取传播效应。从“广元柑橘”事件、“老酸奶”舆情事件可看出，把关人长期缺失形成的结果是，公众对于食品安全事件的关注

① 王战平、黄谷来：《Web2.0时代网上公共危机诱因分析》，《情报科学》2011年第10期。

度从当初的愤怒、诧异转变到现在的叹息、自嘲。

（2）议程设置者

与把关人显著地呈现在公众面前不同的是，议程设置往往是在后台呈现的。议程设置理论认为，大众传播往往不能决定人们对某一事件或意见的具体看法，但可以通过提供信息和安排相关的议题来有效地左右公众的关注点与注意点，乃至公众对事件关注的优先次序，最终让受众因为媒介提供议题而改变对事物重要性的认识，对媒介认为重要的事件首先采取行动。尽管目前有研究表明，议程设置者的议程设置行为与最终受众所关注的议程并非总是呈现高度正相关关系，但是若出现媒体尤其是权威媒体的议程设置者“缺位”（如对网络危机事件不予以理睬，回避必要的议程设置工作）或“错位”（如在网络危机事件中予以不当的议程设置而使危机愈演愈烈）的现象，受众就很可能寻求非权威渠道以获得信息，进一步造成网上的危机信息迅速蔓延，甚至可能会引发社会混乱等严重的后果。因此，若议程设置者出于某种原因无法将自身的舆论引导能力和通达民情、服务于大众的使命统一起来，就有可能进一步刺激网络危机信息的传播。

面对民生问题中的种种质疑，有关部门的回应常常让公众不知所云，甚至是“雾里看花”。在塑化剂排查中称“抽检的140多份方便面样品，未发现人为添加塑化剂的情况”、“未发现人为添加”的措辞，给公众留下了无限的想象空间。在面对涉及民生的食品安全网络舆情关键问题时，政府艰深或暧昧的措辞难免让民众难以接受，无助于扭转舆论的方向。

类似食品安全危机等关系大众切身利益的重大事件上，微博反映的网民评论舆情普遍呈现以下三个特点：一是微博传播速度迅猛，大众自保能力逐渐形成。二是网民普遍认定政府会否定和压制消息，官方遭遇严重的信用危机。三是事故方反应太慢，无视民间新媒体，后期纠正成本高。

（3）舆论领袖

在Web1.0时代，舆论领袖一般表现为论坛的版主，对论坛的某些版块具有非常大的影响力；而在Web2.0时代，微博的出现使得更多的人有机会成为舆论领袖。舆论领袖是在意见交流过程中逐渐从话题参与者中涌现出来的，“发言频率越高，辩论能力越强，影响力和自我坚持力越大的话题参与者成为意见领袖的可能性就越大”。舆论领袖在舆论引导中有着天然的优势：他们相对于网络媒介和政府机构而言，有更多的机会直接接触到大众，因而也更易于对舆论走向造成影响。舆论领袖的背后有大批的跟随者。若舆论领袖仅仅由于自己的猎奇心理或是为了追逐被人追随的成就感，而忽略了在网上危机中由自身直接影响力所带来的示范作用，也有可能会加重危机传播。这种不理性的行为，是网络舆论霸权产生的根本原因。

[案例] 2010年7月“圣元”奶粉导致性早熟事件

[事件梗概] 2010年7月，武汉媒体向湖北有关部门出具《关于3例疑似“圣元”奶粉引起食源性异常健康病例的紧急公函》，湖北省委书记、省长要求开展对“圣元”奶粉的检查工作。8月5日，《健康时报》报道了武汉3名女婴因食用“圣元”奶粉导致性早熟现象，这则新闻立即被多家媒体转载。随后，多家媒体纷纷追踪，各大门户网站发文并设立专题版块，圣元公司陷入“激素门”。2010年8月10日，媒体揭露圣元公司的产品问题，圣元公司再陷“公关门”、“奶源门”。同一天，多家网络媒体发文追踪报道事件进展，圣元公司、卫生部的回应，导致网民热议。随着各地媒体追踪报道，陆续又有多起类似性早熟案例。相关部门“会诊”后称未检测到含外源性性激素，引起网民普遍质疑。9月29日，凤凰卫视承认报道有误，向圣元公司及

婴幼儿家长道歉。

[事件启示] 食品安全问题层出不穷，公众从当初的愤怒、诧异转变到现在的叹息、自嘲，这和相关部门对食品安全事件的监管不利、食品安全问题爆发后的隐瞒、事后权威部门的报告“不权威”有关。

食品安全网络舆情中，出现了典型的网络舆论霸权。近年来，有关食品安全领域民生专家缺位导致把关人缺失，养生“砖家”横行导致意见领袖错位现象比比皆是。如张悟本教公众喝绿豆汤、马悦凌教公众吃泥鳅，在涉及民众口腹的民生问题上从来都是“砖家”多于专家，发言的人不少，但可信的人不多，或者说即使可信也不敢信。一方面，民生问题是民众能切身体会的，个人判断在其中担当重要角色；另一方面，在社会诚信普遍缺失的环境下，专家的话究竟有多少可信也确实值得掂量。2011 年第四季度，国家统计局就“人均 111 元居住支出”这一统计结果两度派出专业人士解释，但都让公众费解。而在食品安全问题上，究竟可以相信谁就更难以抉择。到底应该相信谁？这已经成为应对食品安全网络舆情时无法回避的疑问。

2.1.6 食品安全网络舆情的生成特征

在从直接诱因、现实逻辑、根本原因、间接原因、隐匿原因角度分析了食品安全网络舆情的缘起后，结合现阶段的食品安全网络舆情个案，分析食品安全网络舆情的生成特征，有利于管理者把握食品安全网络舆情的内在缘起，从而利用好引导食品安全网络舆情的“黄金时间”。

（1）现阶段，食品安全网络舆情的诱发媒体仍以电视媒体为主

近些年爆发的食品安全网络舆情事件，比如洋快餐中使用“苏丹红”辣酱、“三鹿”奶粉等国产奶粉添加三聚氰胺、双汇“瘦肉精”

事件、甘肃平凉饮用牛奶导致亚硝酸盐中毒、滥用食品添加剂“牛肉膏”、上海多家超市销售“染色馒头”等等，均是由电视、报纸等传统媒体首先报道，引起网络论坛、博客、社交网站、微博等关注，从而引发轰轰烈烈的食品安全网络舆情事件。其中，中央电视台每年“3 · 15”晚会的深度报道是食品安全网络舆情生成不可忽视的主要起源。

（2）食品安全网络舆情中，微博成为舆情生成的巨大推动力

中国网民使用微博的比例已经过半，手机微博用户已增至1.7亿[①]。仅从庞大的用户数来看，作为自媒体的微博的影响力也远超其他媒体。截止到2012年6月底，传统媒体中影响力较大的新华视点的“粉丝”量为484567,《新周刊》的“粉丝”量为1673495，而明星姚晨被封为“微博女王”，拥有700多万“粉丝”。换言之，在阅读量上其他媒体的影响力远不及自媒体。自媒体发布信息后，只需通过其庞大的“粉丝”群转发，再由“粉丝”群二级转发，就会形成不可估量的阅读量和影响力。尽管目前的食品安全网络舆情事件中，传统媒体在舆情生成上的诱发作用不可忽视，但微博力量的凸显也不可忽视。从“老酸奶”舆情事件，可见微博在舆情生成上的巨大推动效应。

（3）食品安全事件是不实舆情关注的重点

大部分媒体和公众由于缺乏食品安全专业知识，极易受到不实信息甚至是谣言的影响。不实信息的大多数助推者为不明真相的群众，出于好意，希望相关涉及日常生活的信息能够抵达社会网络圈中的每个人，但是由于缺乏科学的意识和严谨的态度，很容易被谣言传播者或者别具用心的人利用。谣言的主力传播节点一般是意见

---

① 中国互联网络信息中心：《第30次中国互联网络发展状况统计报告》，2012年7月。

领袖，他们具有较强的社会影响力，在其网络社区或网络族群中拥有影响大众的话语权。谣言的助推者即数量众多的公众网民群体，他们是传播过程中的社会黏合剂，他们具有庞大的社会网络和乐于传播信息的意愿。2008年，四川广元的蛆虫橘子导致柑橘产业萧条；2011年，日本地震中出现的核泄漏引发抗辐射狂潮，其间有专家证言碘可防辐射，部分人将此引申到碘盐可防辐射，于是出现公众的恐慌性抢购行为；2012年，中央电视台主持人赵普等人的微博，引起“老酸奶”等乳业的萧条与公众的普遍质疑。

这些不实舆情虽然发生在不同的时间、地区和领域，但是都存在三个方面的共同点：第一，食品安全事件涉及人们日常生活的基本问题，引起人们产生广泛共鸣；第二，影响极大，一旦言论真实，就对现实生活产生不可估量的影响；第三，传播过程中不明真相的助推者往往出于善意。此外，谣言的“伤痕记忆效应”是谣言频发于民生问题的显著原因。例如，抢盐风波源于国民在物资匮乏时代形成的记忆，这样的谣言具有更强的附着力，能够使人难以忘记并形成自动传播的意识。即使当前事件得到妥善处置，但当以后再出现类似事件的时候，公众依然会惯性地更倾向于相信并传播不实信息。四川广元的“蛆橘”舆情爆发并得到处置后，后续的海南柑橘舆情仍然导致柑橘产业萧条便是佐证。

（4）食品安全网络舆情累积效应显著

不仅是国内食品，国外进口食品也频频出现食品安全问题，如2011年的味千拉面事件、明治奶粉事件、“可口可乐中毒门”事件等。食品质量难以保障使得人们谈食色变，触动了人们的敏感神经。与其他政治、娱乐等舆情相比，由于食品安全网络舆情是涉及民生的热点舆情，致使其在生成过程中的累积效应较其他类型舆情要显著。从这几年的食品安全事件可以看出，食品安全网络舆情事件的生成速度快，其消解速度从单一舆情的处理上看，似乎也比较快。但放在食品安全网络舆情事件的整体处理上看，其消解速度并不快。究其原因，食品安全网络舆情生成的熔点低的主要影响因素之一在于，食品安全网络舆情的累积效应非常显著。始自2008年的“三聚氰胺”的阴霾还没散去,“地沟油”的“威力”还在发挥,“蒙牛牛奶致癌”又席卷而来，食品市场基无安全可言。有网民感慨：“吃得放心本是最基本的权利，现在却成为一种奢侈。”食品安全事件的高累积性，正是造成食品安全网络舆情生成的熔点低的主要原因之一。

（5）名人爆料，诱发食品安全网络舆情爆发

在互联网高度普及的今天，信息传播的广度和深度得到了巨大的提高。舆论领袖和社会名人对于民众的影响力也被进一步放大。舆论领袖对于某一事件的建议与解释在很大程度上影响着普通民众的态度和行为，而社会名人的一言一行都会备受关注，甚至引发舆论的轰动效应。尤其在当下社会主流价值观和意识缺失的环境下，名人的身上被寄予了更多的期望，也在很大程度上引领着社会舆论的走向。自2008年三聚氰胺事件给中国乳业带来打击后，2012年媒体人朱文强、中央电视台主持人赵普和方舟子的微博给危机中的中国乳业又带来一记重创。微博名人的爆料，可以在瞬间诱发食品安全网络舆情。

2.2 食品安全网络舆情的生成模式

在既有的舆论研究中，基于模式研究有效性的共识，国内外的研究者在这一领域均积累了一些研究成果，如西方舆论学研究中著名的“沉默的螺旋”、“瀑布模式”和“蒸腾模式”、“个别取向模式”和“成对取向模式”等。美国学者乔·萨托利以“瀑布模式”和“蒸腾模式”为基础，详细讨论了舆论生成的若干问题[1]。他认为：舆论的生成首先从社会精英和政府层面开始“瀑布模式”，其生成路径为：社会精英→政府人士→大众媒体→意见领袖→普通大众。在信息流动的过程中，社会精英层可以直接与政治系统和大众传媒相通，与此相对的是，他们较少直接联系本地意见领袖和普通大众。与此同时，自下而上的“蒸腾模式”也在进行，这个过程中的信息流动则从普通大众开始，经由意见领袖和大众传媒放大，最终形成舆论，影响精英阶层和政治系统。萨托利强调，这种“蒸腾”如果发生在早期，就可以形成议题，决定舆论是否成功形成。张士坤指出：“Web2.0改变了信息的传播环境，使信息意见自下而上传播成为了可能。首先，网络舆论策源地的形成为‘蒸腾模式’打好了基础。在此基础上，网络即时、强互动的特点让微内容能够迅速发布，强大的聚合效应让微内容聚沙成塔形成舆论力量。网络新媒体的出现扩大了信息自下而上的传播和意见自下而上的汇集，从而推动了舆论的‘蒸腾模式’。在大众传媒时代舆论的传播方式以‘瀑布模式’为主，而Web2.0时代则增强了‘蒸腾模式’生成舆论的作用。”[2]总体来说，国内现在大多集中于探讨舆论的形成，仅仅是提出设想，缺乏深入阐发；此外，西方一些经典的舆论模式研究成果，国内还未翻译引介。

2.2.1 食品安全网络舆情的生成效应

（1）沉默的螺旋效应

伊丽莎白·诺尔—诺曼[3]完善了她在1974年提出的“沉默的螺旋”假说，这一描述舆论生成的理论假设对食品安全网络舆情的生

① 乔·萨托利：《民主新论》，东方出版中心1998年版。
② 张士坤：《微内容传播：两种舆论生成模式的冲突分析》，河北大学出版社2010年版。
③ 伊丽莎白·诺尔—诺曼：《民意——沉默螺旋的发现之旅》，台湾远流出版公司1994年版。

成模式的研究依然具有借鉴意义。

伊丽莎白·诺尔—诺曼指出，人的“社会天性”，使得个人意见的表达和“沉默”的扩散是一个螺旋式的社会传播过程。而大众传播由于“议程设置”会更加强化这种表达和沉默。其生成方式具体见图2—1所示。

在舆情生成过程中，响应是特别重要的传播动力，关注与被关注、评论与被评论、转发与被转发是一种重要的传播现象。现阶段比较热门的传播媒介——微博舆情的生成效应，可以很好地验证这一生成模式。微博传播者所发表的观点、陈述的事实、表达的意见都处于盼望呼应的状态。通常关注度高的帖子的发布者就能获得积极的响应，把关行为得到激励；相反，被冷落或被忽视的帖子的发布者，其把关行为会被否定或局部否定，积极性锐减。

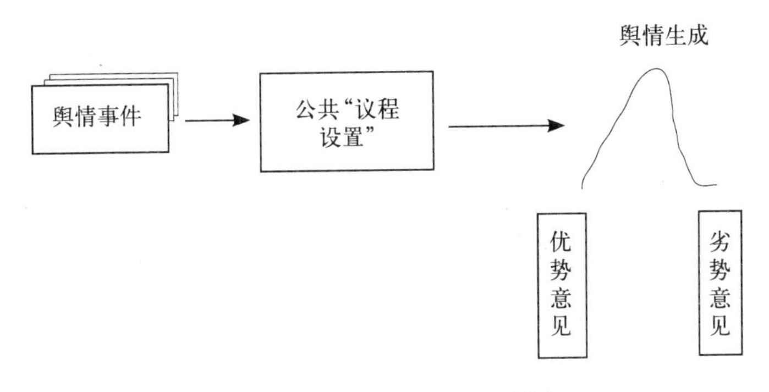

图2—1　沉默的螺旋效应生成模式

现实的传播语境中，食品安全舆论传播者与传统媒体传播者对心理动力和精神支持的需求程度是不同的。食品安全舆论传播者不以发行量、收视率、点击率等为出发点，而是基于个体或释放、或沟通、或分享等心理，具有对被关注和响应的需求，并随着关注度、响应度的增减，调整个体的把关行为。从传播的呼应情况来看，一般有三种情况：一是一呼百应，有传必通；二是一呼几应，应者寥寥；三是一呼不应，再呼也不应。食品安全舆论各节点用户的响应程度，直接影响“信息发布源节点”持续传播与否、改变或调整把关行为与否。

[案例]2011年6月海南香蕉事件

[事件梗概] 2011年6月，一则“使用乙烯利催熟的香蕉存在食品安全问题”的不实报道出笼。这一报道由传统媒体首发，网络媒体跟进，记者暗访视频与网民负面评论迅速充斥互联网，这导致合理使用化学催熟类药品喷洒的海南香蕉大量滞销。人们对自己并不了解的乙烯利谈虎色变，纷纷表示再也不敢吃香蕉了。即便此时有专家学者出来辟谣，他们的声音也在众声喧哗中沉没了。

[事件关键点] 第一种沉默螺旋效应——食品安全网络舆情传播中互动关注响应与否的现象。

[事件聚焦] 优势意见——网络上对乙烯利的负面评论；劣势意见——专家学者辟谣。

[事件启示] 海南香蕉事件经过传统媒体报道后，经过网络的转载与评论，引起了网民的直接关注，其重视度和响应度决定了海南香蕉事件传播的活跃程度与表达水平。网民对乙烯利催熟香蕉事件的高度关注和响应使舆情传播者的把关行为得到肯定，激励其持续发言和探讨，激发其兴趣与积极性，使新开辟的话题在对话空间里形成一个循环上升的螺旋，这个螺旋会吸引更多的食品安全舆论用户加以关注，并参与到新的互动中，因此形成更大的上升螺旋。然而，有关机构和相关专家的辟谣言论由于关注度、响应度非常低，甚至没有关注和响应，直接影响了食品安全舆论受众的兴趣和积极性，导致其自身传播行为难以继续与深化。

[案例] 2011年5月西瓜膨大剂事件

[事件梗概] 2011年5月上旬，江苏省丹阳市西瓜爆炸的消息以爆炸式的速度传播，成为国内舆情的焦点。自此，西瓜膨大剂引发了公众对食品安全的又一轮焦虑。在此次舆情的传播过程中，许多媒体记者只看到了膨大剂是一种西瓜生长过程中的添加剂，并没有看到更科学的地方，比如国家对这种添加剂是否允许使用。媒体为了追求新闻的快、新、异，忽略了科学使用添加剂对瓜果生长无害、对人身体也无害这一点。而后，随着主流媒体和专家表态的传播，此事件才逐渐平息。例如，著名的科普网站“果壳网”在其官方微博上表示，造成西瓜开裂的因素很多，这牵扯到西瓜的品种、天气情况、肥料情况等诸多因素，正常使用膨大剂是不会带来健康危害的。作为生化博士的方舟子接受媒体采访时说，西瓜成熟后在一定的空气湿度、温度下，本身就具备爆炸的条件，这与是否涂抹了膨大剂没有必然联系。

[事件关键点] 第二种沉默螺旋效应——食品安全舆论传播中互动关注“强者愈强，弱者愈弱”的马太效应。

[事件聚焦] 食品安全网络舆情的其他传播者在日常传播中对“果壳网”、方舟子等知名网站、品牌或名人的认知度高，很容易持续关注，形成食品安全舆论持续注意力上的“转移效应”。

[事件启示] 在西瓜膨大剂事件中，一些明星或名人、意见领袖所引导的食品安全网络舆情，在舆情传播中具有高关注度和高响应度。这些在传统媒体环境下本来就具有较高关注度和重视度的传播主体，把舞台转移到食品安全网络舆情传播平台以后，延续了过去的晕轮效应，引起了很多的关注。相反，一些在食品安全舆论传播中不具备优秀传播素质或吸引大众眼球的能力，或所讲的话题不能引起其他食品安全舆论用户兴趣的食品安全舆论，一般处在自娱自

乐、少数人的圈子里或无人问津的境地，缺乏作为有影响力的食品安全舆论的主观条件，逐渐丧失发言权甚至被遗忘。有些食品安全舆论甚至放弃传播和发言，成为食品安全舆论的“荒地”。

（2）蝴蝶效应

蝴蝶效应是混沌学理论中的一个概念，由气象学家洛伦兹在1963年提出来的，它是指对初始条件敏感性的一种依赖现象。其大意为：一只南美洲亚马孙河流域热带雨林中的蝴蝶，偶尔扇动几下翅膀，可能于两周后在美国得克萨斯引起一场龙卷风。其原因在于：蝴蝶翅膀的运动，导致其身边的空气系统发生变化，并引起微弱气流的产生，而微弱气流的产生又会引起它四周空气或其他系统产生相应的变化，由此引起连锁反应，最终导致其他系统的极大变化。蝴蝶效应具有深刻的科学内涵和内在的哲学魅力。蝴蝶效应是混沌理论的重要概念。混沌理论认为在混沌系统中，初始条件的十分微小的变化经过不断放大，对其未来状态会造成巨大的差异。

蝴蝶效应不仅存在于气象系统中，在其他复杂系统中也同样存在，因为其内部也是诸多因素交相制约、错综复杂的。蝴蝶效应的前提是存在于复杂系统中的，在总体趋势不变的情况下，初始条件的微小变动将导致未来前景的巨大差异。所谓复杂系统，是指非线性系统且在临界性条件下呈现混沌现象或混沌性行为的系统。非线性系统的动力学方程中含有非线性项，它是对非线性系统内部多因素交叉耦合作用机制的数学描述。正是这种诸多因素的交叉耦合作用机制，才导致复杂系统的初值敏感性即蝴蝶效应，才导致复杂系统呈现混沌性行为。

以互联网为代表的新媒体是一个混沌系统，其传播是从有序到无序，再到新的有序的循环过程，其结局具有不可预测性。网络舆论热点的生成路径呈现蝴蝶效应，其初始条件很可能就是一个帖子或网站上的一条小消息，引起众多有关因素的卷入，进而使矛盾不断升级，事态爆炸性扩大或骤然倒向变更，导致事实信息的走向偏移和舆论评价的压倒性倾向。其生成过程如图 2—2 所示。

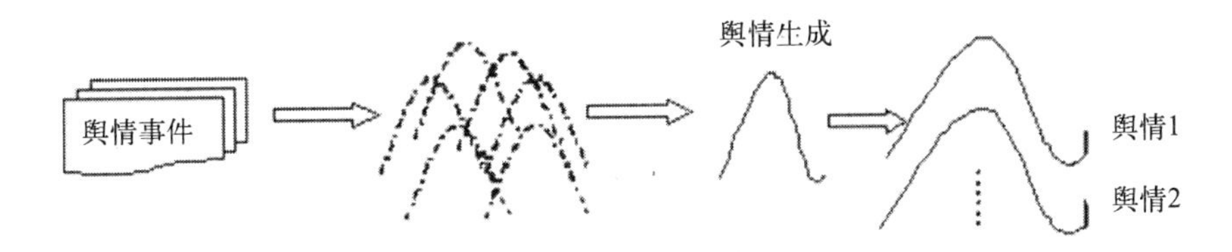

图2—2 蝴蝶效应生成模式

国内的乳业领军企业——蒙牛公司自 2008 年不能幸免三聚氰胺之灾后，迄今为止，负面新闻不断。“毒牛奶”事件无论是从企业纵向发展还是从行业发展来看，都是负面舆情的典型代表。以下是梳理出的从 2008 年三聚氰胺事件发生后，有关蒙牛企业产品的负面新闻，这些负面新闻在网上掀起了层层舆情。

[案例] 2008—2012 年蒙牛企业的负面舆情

[事件梗概]

表2—4 蒙牛企业的负面事件

时 间	事 件
2008 年 9 月	蒙牛、伊利等 22 家企业的奶粉检出三聚氰胺
2008 年 10 月	蒙牛、伊利企业的雪糕在广州超市突然下架
2008 年 12 月	三聚氰胺事件结恶果，蒙牛企业首现巨亏 9 亿元
2009 年 2 月	蒙牛企业的“特仑苏”牛奶致癌，到底是怎么回事
2009 年 3 月	卫生部表示，蒙牛企业的 OMP 属违法添加剂
2010 年 10 月	爆料“圣元”奶粉导致性早熟，伊利 QQ 星牛奶抹黑事件为蒙牛企业策划
2011 年 4 月	蒙牛企业陷“中毒门”，中毒或因空腹喝奶

续表

时　间	事　件
2011年9月	蒙牛酸奶现霉斑，已回收5000余盒
2011年11月	蒙牛雪糕抽查，大肠菌群超标
2011年12月	蒙牛纯牛奶检出强致癌物超标140%
2012年6月	微博实名用户揭露蒙牛酸奶中有头发
2012年6月	蒙牛冰激凌代加工厂脏、乱、差现象被披露

[事件聚焦] 网络舆论往往是非理性化大于理性化的，主观色彩比较强。网络受众人数众多且分布范围广泛，涵盖了来自社会各个阶层的群众，这形成了舆论的分散性和多元化。而网络所独具的隐匿性的传播特性，使得受制于现实的网民在互联网这个平台上肆意宣泄，在发表言论时往往体现出极具个人情感色彩的直接性和随意性。如果说2008年中国奶制品行业中食品安全事件的首推代表是“三鹿”的话，那么2009年起始的“特仑苏”致癌事件的爆发，则把蒙牛企业再次推到风口浪尖。事件曝光后，在网上网下的谴责声中，抵制蒙牛企业的声音一边倒地呈现。如著名出版人王小山的微博“拒绝蒙牛一切产品”，获得近6万次转发。2012年6月，有关蒙牛冰激凌代加工厂脏、乱、差的作业环境及糟糕的管理状况得到网民“夏冷十九弦”的长帖转发，并同时@了许多意见领袖。微博名人方舟子第一时间进行了转帖，迅速掀起舆论高潮，几日内转发量达到数十万条，兴起了新一轮的舆情。

[事件启示] 蒙牛产品的质量问题屡被关注，但“道歉雷声大、改进雨点小”的现实情况一次次消磨着消费者的信心，逐步把消费者逼进抵制蒙牛产品的“死胡同”。在市场监管时有失灵的现实条件下，负面企业舆情只会倒逼出一个自发维权的舆论场。这个舆论场虽有不同意见，但仍具有形成共识的倾向。此次网络舆情对于蒙牛冰激凌代工厂事件仍然是骂声一片，这和蒙牛企业此前长期积累的

负面形象有关，也是舆论传播中的蝴蝶效应所致。

（3）涵化效应

涵化理论（Cultivation Theory）又称培养理论、教养理论、涵化假设等。1967 年，美国学者格伯纳及其同事在对电视媒介的内容研究中，通过编码、观测和内容分析，发现受众关注电视的实质是对文化价值和主流意识形态的维护，从而提出了涵化效果的命题。这一理论认为，电视提供给社会各阶层一套同质化的“隐藏课程”，提供一套对生活、世界、生命的解释，建构一致的核心价值观，在维护社会稳定发展的同时，形成对观众潜移默化的长期效果。

食品安全舆论传播的主体深度参与意识

食品安全舆论传播者在日常的传播行为中，由于成了传播的主体，其自主性大大高于传统媒体格局下的参与意识，成为深度主动参与的传播者。在传统媒体传播范畴中，由于受众的非直接参与，受众的观点和意见无法在传统媒体的传播语境中得到实现，虽然也有一定的互动沟通渠道，但并没有改变受众的被动地位。而在互联网舆论时代，受者成了传播者，主动的“把关—传播”行为融入到日常生活中，这样一种传播行为实际上体现的是食品安全舆论传播者丰富的精神世界和内心空间，他们的情感、想法、态度、观念作为外化的行动理念，构成传播语境。这是在被动参与中无法做到的。只有在食品安全舆论传播中调动了众多食品安全舆论传播者的主动性和主体精神，他们以传播主体的身份参与到公共的传播平台中，才能集中众人的意见、建议、观点、理念，形成群众和草根群体的智慧，从而建构起积极的社会舆论传播格局，推动社会事件的有效解决。

食品安全事件融入日常生活，食品安全舆论时刻伴随在人们生活的左右，尤其是随着三网融合的推进、各种网络终端的贴身运用，具有即时发布信息功能的食品安全舆论将在第一时间表达传播者的原属于私域的心理和行为活动，展示在食品安全舆论的公共平台上。正因如此，某些人群对食品安全舆论的依赖已经超出了所谓的“媒体依存症”范围，把精神世界融入到食品安全舆论当中，把食品安全舆论传播作为日常生活的一个重要的组成部分，并与物质世界相结合，大大加深了传播者的卷入程度。

“老酸奶”舆情传播中可以发现，段子调侃型微博的转发量甚至超越事实陈述性微博的转发量，意见领袖对事实和观点的传播范围很广。从几个关键词“明胶”、“老酸奶”、“胶囊”等热门转发微博来看，舆情发生一周中，转发数排名在前300—500的微博有60%多由草根微博账号和机构微博账号中发出。这类微博将认知、情感、舒缓等需求结合在了一起，对于互联网来说，对严肃话题的讨论空间太低、太小的时候，只能被逼向戏谑性、娱乐性、调侃性的话题转型。另外，食品安全牵涉到的各种化学用剂问题可能并不能为大多数人所理解，容易在不同层级的网民中形成难以弥合的鸿沟，但是结合破皮鞋作出的联想和比喻将知识沟通难题瞬间化解，通俗易懂的解释方式和激发网民认知震撼的事实揭示，加上吸引眼球的调侃段子，极大地增加了舆论容量。

食品安全舆论传播维系主流意识形态

涵化理论所展示的是传媒通过对社会文化整合力及其塑造的主流意识形态来统一公众的多元思想，以构造社会一致的主流意识形态与核心价值观。食品安全舆论传播作为一种文化影响，通过对食品安全舆论传播的分析发现，无论传播的内容有多广泛，食品安全舆论传播者发言的角度有多自由，食品安全舆论传播都是整个社会传播的约束度最低的一种方式，传播的内容一般而言都与社会的主要道德规范、伦理价值和主流媒体所传播的价值观一致。某些议题明显超越了传统媒体的议题之外，这类议题很难沿着顺利的传播途径持续对社会发生影响，或中途中止了议题，或朝着倾向于主流价值观的方向改变。

互设议题维系主流意识，由于传统媒体和自媒体之间的互设议程现象，其中传统媒体占据着议题设置的主导位置，也为食品安全舆论传播设置了诸多更重要的议题，体现出沿着社会主流价值观方面发展的趋势。大量案例表明，自媒体下食品安全舆论传播与传统媒体在某些议程上的互相补充、互相作用、互相推动，会促进传统媒体传播和食品安全舆论传播的双向深化，其效果是传统媒体传播的主流价值引领并左右食品安全舆论的传播价值，这两种价值观最终的结合点仍然是在社会主流文化。

在“老酸奶”舆情事件中，随着事件的发展和扩大，关注事件的主体越来越多，舆论已经不再局限于微博平台，而是开始扩散到其他的媒体空间。博客、论坛、SNS 的网民纷纷转载微博的消息，与微博一起搅动整个网络舆论的沸腾。传统媒体迅速跟进，通过采访事件当事人、调查事件相关人、邀请相关专家评议等，使得更多受众关注事件的进展，将事件推进到一个新的层面。随后，微博、传统媒体、其他新媒体相互交织、互相影响，多方力量会合，不断推进事件升温升级，形成声势浩荡的舆论。

2.2.2　食品安全网络舆情的生成机理

网络舆论与传统社会舆论的生成途径和方式有着明显的差异，这主要归因于网络媒体独特的传播特点及开放性的传播平台。网络媒体具有的便捷性、互动性与草根性的特质，使更多的网民习惯在网络上一目十行地跳跃式获取新闻信息，通过各种方式发表自己的意见与诉求，进而参与到社会公共事件的讨论中去，并对现实社会产生影响。在这一生成与传播过程中，网络舆论会受到多种力量因子的作用，诸如网络媒体、传统媒体、网民、意见领袖、社会公众、相关机构以及各级职能部门等。它们之间有时意见互为促动，有时会出现意见博弈，各方意见的力量也并不对等。这使网络舆论在发展与传播过程中并不是以规则的直线方式进行，而是出现一种不均衡的“波状”形态，并且每一种力量因子的变化（或新的力量因子的出现）都会对当期的“舆论波”带来影响，甚至出现难以控制的局面。

（1）传统媒体时代的舆论生成模式

在广播、电视、报纸等传统媒体的时代，由于传统媒体把关人的现实身份和议程设置功能的运用，媒体是信心来源的现实主导。传统媒体时代信息的传递方向是单向线性的，极少考虑与受众的互动、反馈机制。大众媒体具有丰富的信息资源，成为信息主导方；公众信息匮乏，成为信息获取方。这种传播过程中的高度信息不对称性，使得政府、相关涉事主体能够轻松主导舆论方向，扭转舆论格局。这一阶段舆论的生成往往由传统媒体首先报道成为舆情起点，其生成模式如图 2—3 所示。

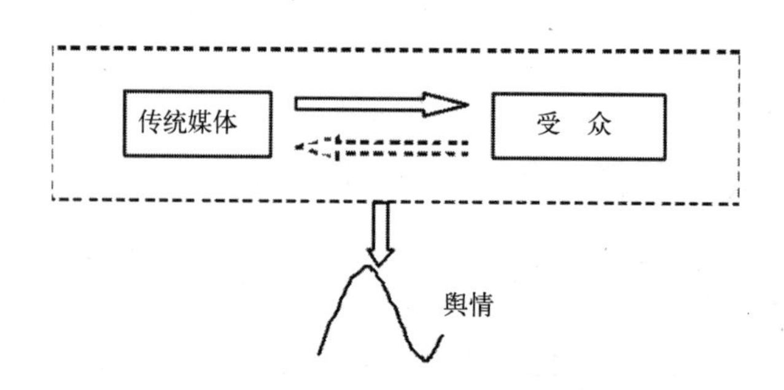

图2—3 传统媒体时代的舆论生成模式

（2）Web 2.0 时代的舆论生成模式

Web 2.0 时代，随着网络的日益普及，网民数量开始激增，公众开始接受来自互联网的信息，论坛、BBS、SNS、群、圈子、博客网络媒体等开始高速发展，并成为普通公众获得信息来源的主阵地和行使话语表达权的主要载体。这时，网络舆论传播中的反馈、互动机制开始增强，网民的力量开始显现。一般而言，Web2.0 时代的新闻事实大部分仍然是在有影响力的市场化媒体上进行报道。当然，信息也可能来自论坛或博客的爆料，但总体来说，传统媒体依然占据主导地位，草根网民爆料尚未成为信息来源的主要渠道。然后，相关信息进入传统媒体的网站。如果门户网站的编辑认为这则新闻有价值，就将该新闻转载到网站的某个页面或首页上。这些门户网站一般拥有较高的 Aleax 排名、PV 值、页面到达率、反向链接数，该新闻也会因此得到较高的关注度。此时，网络舆论的兴起再次受到传统媒体的关注，并持续进行报道，从而形成舆情。Web 2.0 时代网络舆情的生成模式见图 2—4 所示。

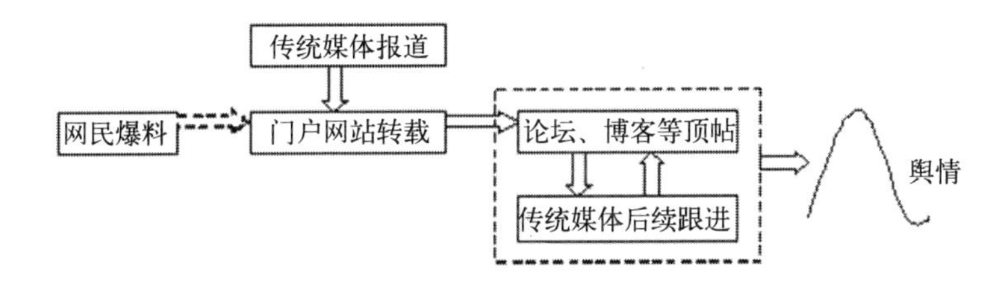

图 2—4 Web 2.0时代的舆论生成模式

（3）3G 时代的网络舆论生成模式

3G 即第三代移动通信系统。国际电联规定：第三代移动通信系统要能兼容第二代移动通信系统，同时要提高系统容量，提供对多媒体服务的支持以及高速数据传输服务。与前两代系统相比，第三代移动通信系统的主要特征是可将无线通信与互联网等多媒体相结合，可提供丰富多彩的移动多媒体业务。从内容上讲，3G 时代，手机作为终端，其基本的信息传播方式与基于互联网的电脑并没有本质区别，收到的信息如文字、图像、语音也没有什么不同，甚至手机媒体的绝大部分信息仍是从现有的互联网运营商处获得。于是，许多学者认为手机媒体只是网络媒体的延伸与补充，对此无须太多关注。

但3G发展的一个不争的事实是：自国务院常务会议在2008年12月31日同意启动第三代移动通信牌照发放工作后，3G业务正深深地改变人民的生活。截止到2012年6月底的数据表明，手机网民首次超过台式电脑上网网民，而且作为自媒体最主要载体的微博手机用户在总体网民中的比例已经过半。3G时代，众多的草根群体可以凭借较低的门槛加入到热点事件的报道和评论中，已逐渐聚合成为舆论报道的尾部，凝聚起巨大的舆论影响力。这个长尾的聚合力量日益强大，正受到主流媒体和相关管理机构、舆情主体越来越多的关注。与Web 2.0时代舆论生成方式最大的不同在于，微博用户已逐渐显露出超越传统媒体和网络媒体的对舆情事件的影响力。3G时代，网络舆情的生成模式如下图2—5所示。

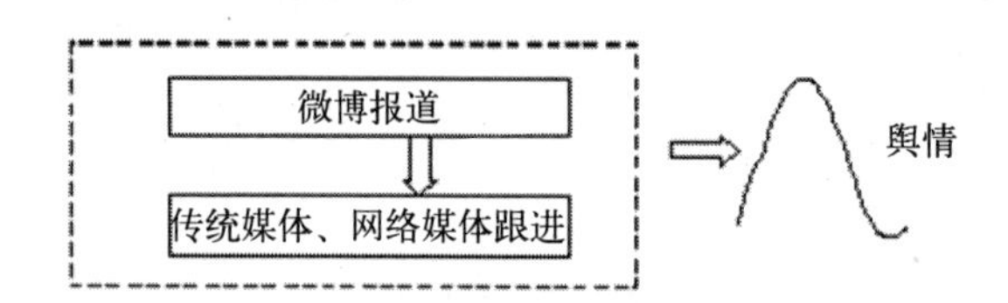

图2—5 3G时代的网络舆情生成模式

[案例] 2012年6月蒙牛冰激凌代加工厂舆情事件

[事件梗概] 2012年6月17日傍晚，一个叫做“掀起你的内幕来”的网民在豆瓣小站刊登了一篇帖子，作者“北北”来自西安，她自称6月2日开始在内蒙古乌兰察布市的蒙牛冰激凌代加工厂天辅乳业有限公司实习。发布者用大量照片记录了天辅乳业有限公司恶劣的生产环境和员工休息环境。

［事件聚焦］从新浪微博搜寻可见，有关此事件最早的微博发表于 2012 年 6 月 17 日晚 17 点 51 分。而当晚 19 点 17 分来自于网民“夏冷十九弦”的微博引燃了蒙牛冰激凌代加工厂负面舆情的导火索，该微博用户以长篇微博的形式复制了豆瓣的帖子，并 @ 了很多意见领袖，如方舟子等人。正是方舟子的微博开启了蒙牛企业此次负面舆情高潮的大幕。方舟子在第一时间看到并转发了这条微博后，两日内共被转发 3 万余次。随后，其他很多微博，如 @FMCG 中国零售、@ 创业家杂志、@Happy 张江、@ 天津美食探店等也都将内容复制过来重新发送，相关微博合计被转发约 10 万次。2012 年 6 月 18 日，网络媒体开始报道此事。继微博舆论高峰之后，该事件全面扩散，在网络上掀起第二轮高潮。6 月 20 日，蒙牛企业官方微博承认网络传言属实之后，传统媒体开始陆续跟进报道此事。相对来说，传统媒体的报道口径较为保守，并且都加上了蒙牛企业的回应。图 2—6 为此次事件微博与新闻的走势图[①]。

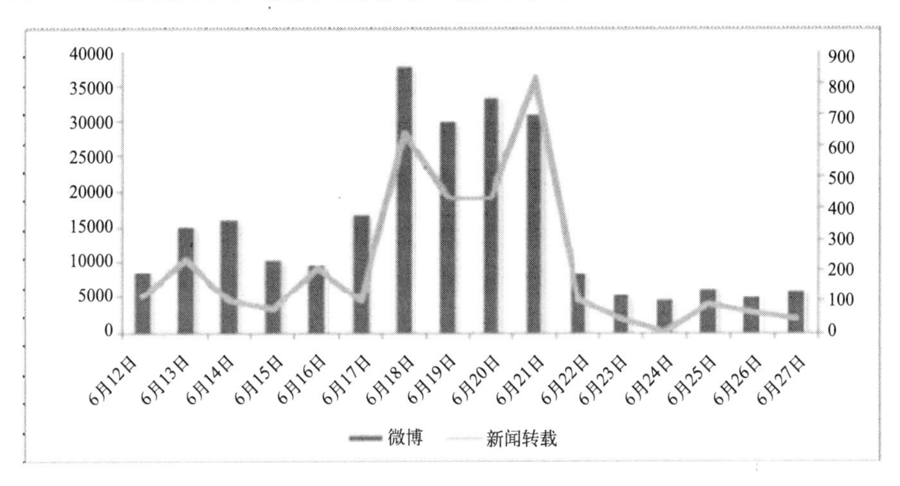

图2—6　蒙牛冰激凌代加工厂舆情事件中微博与新闻的走势图

① 数据来自刘宇琪：《蒙牛冰激凌代加工厂被曝脏乱差事件舆情分析》，2012 年 7 月 9 日，见 http://yq.stcn.com/content/2012-07/09/content_6183171.htm。

[事件响应] 此次舆情事件经过微博爆料迅速传播后，再一次导致众多微博名人对蒙牛企业的谴责与抵制。蒙牛企业于 2012 年 6 月 18 日凌晨零时零六分，立刻通过官方微博表示予以高度重视，已成立相关调查组，赶赴委托加工企业。6 月 19 日上午，蒙牛乳业集团新任总裁孙伊萍和 Arla Foods(爱氏晨曦) 部分高管共同出席了“新蒙牛 心沟通”媒体沟通会，就蒙牛企业的质量管理、社会责任等媒体关注的热点话题与参会记者作了深入沟通。这也是孙伊萍自 2012 年 4 月 16 日接任蒙牛企业总裁以后首次在媒体的公开亮相。6 月 20 日，蒙牛企业官方微博发布了天辅乳业有限公司调查结果。蒙牛企业承认该网络爆料帖关于生产环境的内容基本属实，但否认了产品抽检不合格率的情况。蒙牛企业还公布了处理方式，对工厂要求整改，相关责任人停职，对全国所有蒙牛冰激凌代加工厂进行全面符合性审查。此次蒙牛冰激凌代加工厂舆情，蒙牛企业的应对积极有效。当晚，微博消息扩散；次日凌晨，蒙牛企业就已经通过微博进行回复，两日后给出了调查结果。随着调查结果和处理方式的公布，舆论没有进一步升温，而是逐渐平息。

[事件启示] 3G 时代，微博是自媒体最主要的载体。手机用户可以随时随地地参与到热门新闻的报道与评论中来，产生巨大的舆情影响力。食品企业、政府也能通过微博及时发布信息，有效引导舆论，平息公众的恐慌。

2.3 食品安全网络舆情生成的分析方法

在网络日益普及的情况下，随着政治和舆论敏感新闻的大众影响日益严重，网络舆情生成的分析技术开始成为国内外的研究热点。国内对舆情的研究分析起步较晚，可以说是一门新兴的技术。舆情分析技术与其他领域相关技术交叉结合利用，能有效地发现网络舆情热点，控制舆论导向。本节重点研究舆情分析相关领域的技术研究现状及其发展趋势，主要讨论以下研究方向：网络海量信息抓取技术、自然语言处理技术、基于Web的文本挖掘技术、主题检测与跟踪技术等。

2.3.1　网络海量信息抓取技术

随着互联网的迅速增长，网络上的信息量也越来越庞大。为了帮助人们迅速寻找到所需的网络资源，搜索引擎成为有效的网络信息获取工具和举足轻重的网络应用手段。搜索引擎的基本工作原理是：利用一个称为网络爬虫，也叫做网络蜘蛛(Spider)或网络机器人(Robot)的程序，采用多线程并发搜索技术，在互联网中访问各节点，定期搜索信息抓取网页，并根据网络链接提取其他网页，对网页进行分析；然后利用索引器对网络爬虫所提取的信息进行排序并索引数据库，用户可通过用户接口输入所需信息的关键词进行查询；检索器则根据用户提交的关键词在索引数据库中查找相关信息，并按照相关度进行排序输出。

网络爬虫依照设定条件或按关键词或按目标网站不停地在互联网的各节点自动爬行，从一个或一组URL开始访问，尽可能多、尽可能快地从中发现和抓取信息，并定期更新已经搜集过的旧信息，以避免死链接和无效链接。如果把整个互联网当成一个网站，那么网络爬虫就可以用这个原理把互联网上几乎所有的网页都抓取下来。

当前网络信息服务正在由拉模式向推模式过渡，因而舆情收集单位在采集到所需要的信息并进行相关处理后，必须有选择性地进行客户端发布，而且这个过程必须是智能地由系统自动进行。即舆情搜集平台应该能够自动根据数据库中信息的变化、网上相关信息源的变化和深层开发的结果动态发布相关信息，并及时提供相关资源服务。信息搜集与动态发布的机理如下图 2—7 所示。

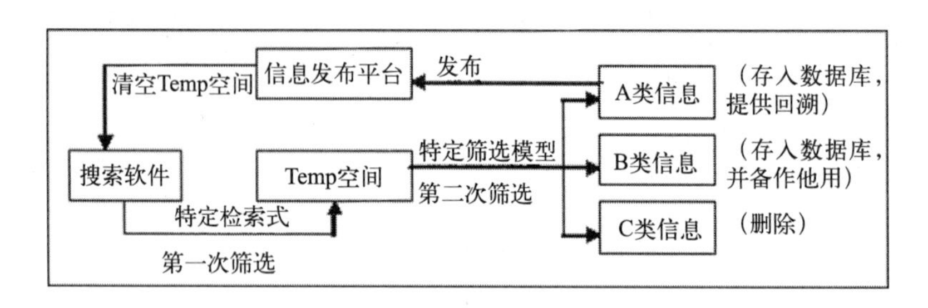

图2—7 网络信息搜集与动态发布机制

首先，在舆情采集系统中制作信息采集器，利用网络爬行软件或网络漫游装置在网上定期（如 30 分钟一次或更短）进行以预先设定的关键词集合为目标的搜索；将收集到的所有信息（如新闻）集中存储于一个临时空间，对其进行第二次筛选，依照特定的筛选模型筛选其中新颖性和精确性有保障的内容并依照重要程度排序，然后将其中最重要的若干条（A 类信息）发布，并将所有查询到的 A 类信息收入数据库提供回溯服务，以特定的方式展现给用户；新颖性和精确性无法保障的内容（C 类信息）直接删除，重要性相对不足的（B 类信息）可以收入数据库供其他服务使用。

为了实现对食品安全网络舆情的实时监测，有必要借鉴网络爬虫技术，基于食品安全专业知识库，开发具备食品安全网络舆情收集、筛选、处置和评估等功能于一体的舆情搜集信息系统。主要是通过网络页面之间的链接关系，从网上自动获取页面信息，并且随着链接不断向整个网络扩展，能根据用户的信息需求，设定主题目标，使用人工参与和自动信息采集相结合的方法完成舆情信息收集任务。

2.3.2 自然语言处理技术

自然语言处理技术(Natural Language Processing，NLP)，是研究实现人与计算机之间用自然语言进行有效通信的各种理论和方法。自然语言处理要求计算机既能够理解自然语言文本的意义，也能以自然语言来表达给定的意图和思想。最早的自然语言处理只能分析简单的词条和句子等。关键技术主要包括词法分析、句法分析、语义分析和语用分析等。词法分析是判定词的结构、类别和性质的过程，词法分析的第一步是分词，分词往往是后续进一步处理的基础；在分类算法的选择上，目前存在各种各样的文本分类算法，如文本相似度法（也称向量空间法)、Naive Bayes 方法、K—最近邻算法、神经网络算法、SVM 方法等。文本相似度法和 Naive Bayes 方法是应用最多的两种方法，它们具有分类机制简单、处理速度快的优点。

本节主要采用 SOM(Self-Organizing Feature Map)算法来介绍自然语言分词的具体内容。SOM 网络是一种自组织竞争型人工智能网络。它是由著名神经网络专家 T.Khonen 教授提出的。SOM 算法是一种非监督的聚类方法，SOM 网络的典型拓扑结构如图 2—8 所示，由输入层和输出层两层网络组成，两层神经元间实现全互联输入层有 N 个神经元，输出层有 M 个神经元均匀排列成矩形。

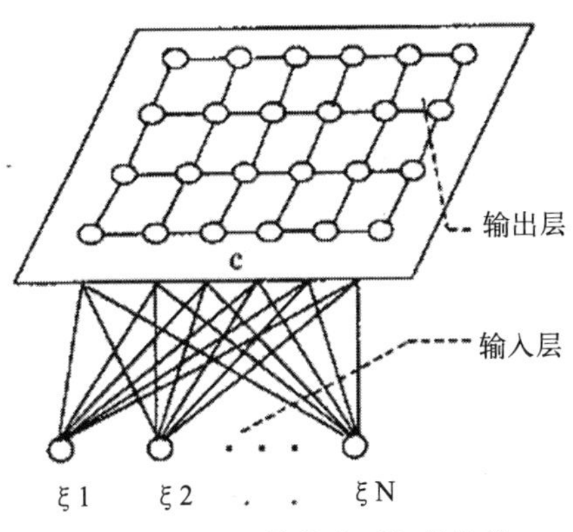

图2—8 SOM网络的典型拓扑结构

所有输出神经元 C 组成的集合为 φ，神经元 C 与输出层神经元之间的连接权向量为 W。该算法的聚类功能主要是通过以下两个简单的规则实现的。

（1）对于提供给网络的任一个输入向量 ξ，确定相应的输出层获胜神经 S，其中 $S=\arg\min|\xi - W_c| \forall c \in \phi$。

（2）确定获胜神经 S 的一个领域范围 N，按照如下公式调整 N 范围内神经元的权向量：$W_c = W_c + \xi(\xi - W_c) \forall c \in N$。该调整过程中，使得 N 范围内神经元的权向量朝着输入向量 ξ 的方向靠拢。

随着学习的不断进行，学习率 ξ 将不断减小，领域 N_i 也将不断缩小，所有权向量将在向量空间相互分离。

对于文本内容，首先进行帖子特征信息提取，即网帖的回复量、浏览量等。对网帖的标题和正文内容结合关键词库，进行内容分析，采用空间向量模型的表示方法，用 SOM 算法进行增量聚类，再把每个相同类别的帖子的特征通过映射函数转化为相应主题的热度特征值。于是，对于舆情危机事件的处理便可以通过定性定量相结合，最终得到相应的可能的舆情主题。

2.3.3 主题检测与跟踪技术

主题检测与跟踪技术（Topic Detection and Tracking，TDT）是近年提出的一项信息处理技术，这项技术用于帮助人们应对日益严重的互联网舆情爆发及互联网信息爆炸等问题，对新闻媒体信息流进行新话题的自动识别和已知话题的持续跟踪。自 1996 年以来，该领域进行了多次测评，为信息识别、采集和组织等相关技术提供了新的测试平台。由于 TDT 相对于信息检索、数据挖掘和信息抽取等自然语言处理技术具有很多相同相通点，并且面向的是具备突发性和延续性规律的新闻语料，因此 TDT 已逐渐成为当前信息处理领域的研究热点。

TDT 是一项综合的技术，需要比较多的自然语言处理理论和技术作为支撑，因而根据不同的应用需求，TDT 测评会议把话题检测和跟踪细分为 5 个子任务，包括报道切分、话题跟踪、话题检测、首次报道检测、关联检测。报道切分（Story Segmentation）：找出所有的报道边界，把输入的源数据流分割成各个独立的报道。话题跟踪（Story Tracking）：给出某话题的一则或多则报道，把后输入进来的相关报道和该话题联系起来。它实际上包括两步，首先给出一组样本报道，训练得到话题模型，然后在后续报道中找出所有讨论目标话题的报道。话题检测（Story Detection）：发现以前未知的新话题。首次报道检测（New Event Detection）：在数据流中检测或发现首次，并且只能是首次讨论某个话题的报道。它与话题检测的本质相同，区别只在于结果输出的形式不同。关联检测（Link Detection）：判断两则报道是否讨论的是同一个话题。总体而言，要实现话题发现与跟踪功能，需要解决以下主要问题：(1) 话题 / 报道的模型化；(2) 话题—报道相似度的计算；(3) 聚类策略；(4) 分类策略（阈值选择策略）。从 1996 年下半年到 1997 年进行的 TDT 初始研究非常成功，它把研究的问题以易于处理和能够测评的方式确定下来，标志着话题识别与跟踪这一新的自然语言处理研究方向的正式确立。

为了推动话题识别与跟踪研究的发展，借鉴信息抽取、信息检索等研究的成功经验，后来的美国国家标准技术研究所资助并主持了话题识别与跟踪系列测评会议。这是一种测评驱动的研究方式，它具有以下一些特点：研究任务明确具体、有公共的研究资源（训练与测试语料）、进行公开的测评。这种方式将研究置于公共的研究平台之上，对某些假定系统进行受控的实验模拟，测试潜在技术的有效性，定量估计研究进展情况，并提供交换研究信息的论坛。

在 TDT 测评的推动下，话题发现的算法也日趋成熟。这些算法基本上可分为三类：向量空间模型、概率模型和语言模型。目前国内在话题发现领域所作的研究比较少，很多都利用了话题发现与跟踪的技术。中国科学院在参加 TDT2004 测评时，采用分批处理的机制，首先进行凝聚的层次聚类，得到小话题簇，再对这些子话题簇进行单连通聚类，得到最终的话题簇，但这种方法不能处理网络上动态的大规模的数据流，并且也不能识别热点话题。

国外的研究相对比较成熟。Mardin 提出了基于语言模型的话题发现方法，文档的表示和相似度计算都建立在语言模型之上；Bruno Pouliquen、Ralf Steinberger David 等人在参加 2004 年的第 20 届国际计算语言学会议时的论文中，为了处理不同来源、不同语种、不同大小的文档，没有选择常用的 tf-idf 方案，而是选择了对数似然检验来计算词条的权重。IBM 公司开发的一个话题发现系统采用了一种两层聚类策略，使用对称的 Okapi 公式来比较两篇报道的相似性。该系统首先将报道暂时归入不同的小话题簇，然后在有限的延迟时间后再将其归入最终的话题簇；通过第一个文档（种子文档）上的链接找到与种子文档内容相关的文档，从这些文档和种子文档中提取关键词，构成查询字段，利用搜索引擎从给定的若干个站点上搜索与查询字段相关的文档，构成某个话题的起始文档，再利用聚类和多文档自动文摘技术生成最终的新闻回顾。

因为传统的文档聚类需要很多的参数，而没有有效的方法调整这些参数，并且在热点话题的识别中没有先验知识来构造一个好的排序函数来对话题排序，香港中文大学的 Gabriel Pui Cheong Fung 提出了参数自由的热点话题识别方法。这种方法通过特征分布确定某一个时间单元热的特征单元，然后把这些特征分组成热的话题，并根据特征的时间窗口确定话题热的阶段。北京邮电大学的罗亚平、王极等人认为，传统的网络热点话题发现方法仅仅考虑了媒体关注度对形成热点话题的影响，忽视了热点话题的产生与社会大众的关注有密切关系，进而提出基于话题关注度和用户浏览行为的热点话题发现模型。国内外一些学者通过改进热点词发现的方法来识别热点话题，不仅采用话题关注度计算公式对话题的关注度打分，而且结合话题的发展曲线图筛选出最终的热点话题。利用信息检索的方法得到热点话题的相关文档，从命名实体和高权重词中提取出热点话题的相关词群，结合相关词群、相关文档的标题，进而得到热点话题，用信息提取和多文档自动摘取技术得到热点话题的话题描述。

2.3.4　基于 Web 的文本挖掘技术

Web 挖掘，指使用数据挖掘技术从网络资源中发现潜在的、有用的模式或信息。Web 挖掘研究覆盖了多个研究领域，包括数据库技术、信息获取技术、统计学、人工智能中的机器学习和神经网络等。

(1) 运用统计分析，对诸如语言、单词、词汇、频次、作者特征、用户行为等进行计量研究。把媒介上的文字、非量化的有交流价值的信息转化为定量的数据，可以在一定程度上发现用户感兴趣的问题，从而确定当前的热点短信舆情话题，通过反馈机制将热点提交，扩展数据库，供相关管理人员分析，确定舆情信息监督重点。

(2) 运用关联分析，可以找出同一时期区间上各类舆情之间的关系，为进行网络舆情综合分析提供帮助。通过得到关联词更有助于软件运作，分析各种关键词之间的特殊联系，譬如“非典”、“食醋”和“物价”之间的联系等。

(3) 运用序列分析，可以发现同一类短信舆情问题在不同时期的演变情况，从而能够预测将来的发展趋势，为下一步的决策作准备。部分企业可以通过手机客户端对相应产品或者公司品牌进行跟踪调研，从反应中发现问题，并寻找解决方案。

(4) 运用分类分析，对舆情的描述对象及其行为方式进行归类，然后将这些归类进行联合，从中得出相似的描述对象是否和与其具有相似行为方式的对象相符合。对各类关键词和关联关系的分类是客户端软件的必备功能，客户端通过识别短信中的关键词和关联关系将它们进行分类，并对照不同分类的不同对策进行后续的工作。

(5) 运用聚类分析，考察类似的舆情问题存在某种有序关系，这种有序关系反映了此类舆情的特征，得出各种不同的热点问题集合，有益于相关部门采取进一步的行动。运用这些分析方法，找出舆情文本内容中所涉及的舆情热点、舆情焦点、舆情兴奋点、舆情波动点、舆情重点、舆情诱发点，及时反馈给中心系统，并由中心系统进行合理分析，制定相应策略，且由客户端更新执行，完成对关键词的收集、关键词关联关系的分析、各种信息的分类、客户端数据库的更新，以及通过不同对应策略对文本内容进行分类处理，或通行或屏蔽或发布链接等。

除了web挖掘技术以外，同时配合以智能节点和智能分词技术，采用最大逆向和最大正向匹配相结合的方式，运用多元歧义自动识别技术，有效地免除分词歧义的产生，使分词的准确率大大提高。添加了领域未登录词识别模块，能够自动准确地识别领域未登录词，自动添加到数据库中，提高分词的准确性。在准确、及时提取热点信息的同时，还得考虑到重复提取的消除工作，否则会浪费相当多的资源，影响整个系统的运作。去重方法有许多，例如可以采用MD5算法对具有标识性的属性信息组合，如舆情中的敏感词、热点问题等具有唯一性的属性值生成其指纹信息，若指纹信息重复，则根据互补策略和投票规则对现有信息进行补充或更改，从而能够在保证信息完整性和准确性的同时，达到信息消重的目的。随着互联网的日益普及，网络越来越成为人们获取与发布信息的主要渠道，网络舆情信息的导向作用愈来愈大。网络信息庞杂多样，虽然对社会的发展起了积极作用，但同时也产生了随之而来的信息内容安全问题。对处于“未然态”的舆情信息进行挖掘与分析，运用多种信息分析技术，分析当前网络的舆情动态，把握处理重要事件的最佳时机，对网络的热点、焦点与敏感话题及时作出反应，可以提高处理网络突发事件的能力和监管能力。

食品安全网络舆情自然语言监测技术的应用，目的主要是从食品安全热点话题、敏感话题识别，可以根据食品安全相关新闻出处权威度、评论数量、发言时间密集程度等参数，识别筛选出给定时间段内的食品安全的热门话题。利用关键字布控和语义分析，识别敏感话题。对突发食品安全事件、涉及内容安全的敏感话题及时发现并报警。根据食品安全网络舆情分析引擎处理后的结果库生成报告，用户可通过浏览器浏览，提供信息检索功能，根据指定条件对热点话题、倾向性进行查询，并浏览信息的具体内容，提供决策支持。

第三章
食品安全网络舆情的传播机制

网络媒体、自媒体的发展为食品安全网络舆情表达提供了新的平台，使得食品安全事件的传播途径和影响方式都发生了巨大的改变，也带来了很多不可控制的因素。现在网络的使用非常广泛，也使得网络舆情监督成为一种社会常态。网络媒体在网络舆情中扮演着不可或缺的角色，它不仅在食品安全网络舆情发展中起到重要的主导作用，而且在推进事件圆满解决方面的正向作用也十分突出。不过，食品安全网络舆情传播带来的问题和负面影响也非常明显，如果政府对于食品安全事件的处理稍有不当，就极容易引起网民一边倒的激愤态度，且极有可能形成网络舆论暴力。正确把握传播特征与传播规律，不断地提高网络舆论的引导能力，成为政府管理食品安全网络舆情的基本要求。因此，研究食品安全网络舆情传播的基本规律、为进行网络时代的社会危机公关处理提供可资借鉴的经验，就显得非常重要。上一章中具体探讨了食品安全网络舆情的生成机制，本章则主要从食品安全网络舆情的传播媒介、传播路径、传播特征以及传播规律等角度，重点研究食品安全网络舆情的传播机制。

3.1 食品安全网络舆情的传播媒介

舆情传播媒介是社会舆论的集合主体，网络传播媒介以通信网络为信息传播平台，以电脑、移动电话等设备为终端，进行信息传递、交流和利用。与传统传播媒介相比，网络传播媒介兼具文字、图片、音频、视频等现有媒体的全部手段，在时间上具有自由性，在空间上具有无限性，能够将食品安全网络舆情的时空凝聚于方寸。受众不仅是信息的接收者，可以接收即时、全面、充分的信息；还是信息的发送者，可以参与讨论，发表自己的意见。中国现代媒体委员会常务副主任诗兰认为，网络传播具有全球性、交互性、超文本链接性三个基本特点[①]。我们从交互性的角度，将食品安全网络舆情的传播媒介分为单向传播、双向传播和即时互动传播三类。

3.1.1 单向传播媒介

单向传播是指缺乏或忽视受众反馈的传播[②]。传播者发出的信息经过传播渠道到达受众为止，是一方只发送信息、另一方只接受信息不反馈的单向过程，如网络新闻(Network News)和搜索引擎(Search Engine)。

(1)网络新闻

网络新闻是指传受基于互联网的新闻信息，是任何传送者通过互联网发布或再发布、任何接受者通过互联网接收的新闻信息[③]。

---

① 《国际新闻界》2000年第6期，第49页。

② 陈先天:《论新时期我国的对外新闻传播》,《新闻界》2002年第4期，第28—30页。

③ 杜俊飞:《网络新闻学》，中国广播电视出版社2001年版。

[案例]2012年7月南山“毒奶粉”致癌事件

[事件梗概] 2012年7月24日，南山含毒奶粉致癌事件由《京华时报》曝光，随后，该条新闻被环球网、新华网、凤凰网、中国广播网、光明网等众多网站转载，并就“南山奶粉致癌门”事件进行继续追踪与调查，将南山奶粉所涉何“毒”、原因何在、如何流入市场的调查结果和政府应急响应机制等新闻信息在自己的网站进行公布与转载。通过在“百度”和“谷歌”两大搜索引擎中输入某一重大食品安全事件关键词的方式，大致统计出目前食品安全事件的网络新闻主要来源于：(1)各大新闻媒体的网站，如舆情在线—新华网、人民网—舆情等；(2)各大互联网门户网站，如新浪、网易、搜狐、腾讯等；(3)专门针对食品安全事件的专业网站，如国家食品安全网、国家食品质量安全网、食品伙伴网等。

[事件启示] 网络新闻将食品安全事件的信息通过网络传播给广大受众，实现了信息的单向传递。但目前网络新闻开始在新闻报道后面增设一些聊天室、留言板(BBS)等沟通渠道，通过新闻跟帖的形式来了解民众对该事件的态度，有从单向到互动演变发展的趋势。

(2)搜索引擎

搜索引擎是指根据一定的策略、运用特定的计算机程序搜集互联网上的信息，在对信息进行组织和处理后，为用户提供检索服务的系统[①]。目前，常用的搜索引擎是“谷歌”和“百度”以及各种站内搜索。搜索引擎是食品安全网络舆情的直接表现形式。当食品安全事件发生后，只要在搜索引擎中输入相关的关键词，如“南山奶粉致癌”，就可以检索出关于此事件的最新相关信息和各大媒体的相关网络新闻报道，而且搜索引擎还能够直观地提供某一食品安全事件

① 孙颖、赵燕：《智能搜索引擎及其实现技术问题初探》，《海南师范大学学报（自然科学版）》2008年第21卷第4期，第498—499页。

在互联网上的关注程度。

3.1.2　双向传播媒介

双向传播则是注重受众的反馈并增强与受众交流的传播[1]。在双向传播过程中，传受双方存在着反馈和互动关系，主要的传播媒介有：电子邮件（Email）、新闻组（Newsgroup）、电子公告板（Bulletin Board System，BBS）、博客（Blog）和微博（Mico-blogging）等。

（1）电子邮件及新闻组

电子邮件是现代社会人们进行通信的主要工具之一，每天都有大量的信息通过电子邮件的方式传递。电子邮件为公众的信息交流提供了最简单快捷的途径。通过电子邮件不仅可以实现个人间的舆情信息交流，利用群发软件还可以同时向多名用户发送，影响力更大。

新闻组是网络用户就相互感兴趣的话题结成的世界范围的讨论小组。每个新闻组都集中于特定的兴趣主题，主题也各式各样、无所不包。在新闻组里，用户可以阅读各类寄来的电子邮件，可以发表文章予以附和或反驳，也可以发表自己的文章到新闻组供他人讨论。在很多特征上，新闻组更像是电子邮件与电子公告板的结合。新闻组在国外的使用频度很高，人们通过新闻组来交流意见、发表看法[2]。

（2）电子公告板

电子公告板是目前网民参与讨论、表达意见的最主要场所。电子公告板为用户提供了一块公共电子白板，用户进入讨论区后，可以阅读其他用户发表的文章或议题，也可以发表自己的信息和看法，

① 陈先天：《论新时期我国的对外新闻传播》，《新闻界》2002 年第 4 期，第 28—30 页。

② 刘毅：《网络言论传播与民众舆情表达》，《电影评介》2006 年第 14 期，第 102—103 页。

或者回复他人，进行讨论、聊天等。网络论坛为他们提供了一个交流信息、表达意见的平台。人民网的“强国论坛”、新华网的“发展论坛”等是目前国内颇具影响力的电子公告板。食品安全事件关系民生，公众对此类事件表现出高度的关注度，并且渴望拥有知情权、参与权、表达权和监督权，因此，互联网上专门的电子公告板站点及各类网站中利用电子公告板功能所开设的各类电子论坛，在食品安全网络舆情传播方面形成巨大的规模影响力[①]。

（3）博客和微博

博客是一种新型的具有开放性的互联网应用，基本含义是“网络日志”，相当于在网上所做的日记[②]。网络用户在提供博客服务的网站注册成为博主后，就可以把个人每天的事件、意见和信息等发布到 Web 上表达思想、转载信息。博客以现代网络技术和通信技术为支撑，在舆情传播速度和空间上、报道的广度和深度上比传统媒体和第一代互联网更具有优越性。尤其是在对突发性食品安全事件的报道中，博客更具时效性和现场感。博客网络中的群众意见可以较自由地表达和传播，“把关人”作用弱化，无根据的食品安全话题甚至谣言更容易产生和蔓延。

微博也就是微型博客，是允许用户及时更新简短文本并公开发布的博客形式。在微博中，每个人既是信息源（被其他用户关注），也可以接受别人的信息（关注其他用户），把获取的信息转发给自己的“粉丝”，推荐热门话题，从而形成一种以人际关系为核心的快速传播网络，具有人际传播的特点。微博传播舆情时具有 4 个特点：发布和接受信息简便、传播信息快捷、裂变式信息传播模式、意见领袖

① 岳泉：《信息传播的新媒介及其影响分析》，《情报科学》2007 年第 25 卷第 5 期，第 666—671 页。
② 赵志立：《博客“热”的“冷”思考——对新闻博客的传播学解读》，《南京邮电大学学报（社会科学版）》2006 年第 8 卷第 2 期，第 23—26 页。

具有强大话语权[①]。而人民网舆情监测室在发布的《2011年第三季度食品行业舆情传播特点》[②]中指出，网民微博爆料成为食品安全事件的导火索，草根认识成为当季舆情传播主体中的一大亮点。

[案例] 2011年微博爆料食品安全问题

[事件梗概] 如"匿名人士71224"在猫扑网发帖爆料麦当劳的汉堡胚被烈日暴晒。网民对洋快餐的食品安全问题给予了极大关注，短时间内已出现10万多的点击率，留下"晒晒不发霉"、"果断不能吃"、"紫外线杀菌"等调侃类的评论。网民梁志超发布微博并附照片，揭露肯德基员工用百事可乐冒充可口可乐，引发微博转载上万次。这两起事件随即引发《证券时报》等多家媒体的关注，并再次通过新闻报道引发受众热议。

[事件启示] 随着微博中话题和信息的不断丰富，这些信息将被链接到博客、电子公告板、社交网络，或被专业或综合媒体类网站发布，从而发展为大众传播，产生更大的影响力和知名度。

3.1.3　即时互动传播媒介

即时通信(Instant Messaging，IM)是一个终端服务，允许两人或多人使用网络，即时传递文字信息、档案、语音与视频，实现沟通信息、实时收发以及相关辅助信息的即时更新(引自易观国际《中国及时通信市场季度监测报告》)。如在中国网民中应用的腾讯QQ、网易泡泡、MSN Messenger、雅虎通、Skype、阿里旺旺、飞信等。即时通信是能在互联网上实现一对一、一对多、多对多的直接的交流方式，是网络实时信息交流的典型体现，具有很强的互动性。

---

① 贾焰、刘江宁：《微博的舆情特点及其谣言治理》，中国共产党新闻网2012年6月12日，见http://theory.people.com.cn/GB/82288/207260/207270/18158216.html。

② 人民网舆情监测室：《2011年第三季度食品行业舆情传播特点》，2011年11月20日，见http://yuqing.people.com.cn/GB/230779/234502/16315628.html。

在对公众会将得知的食品安全信息传播给谁的调查中，有 60% 的受访者会告诉家人，55% 的受访者会告诉亲戚或朋友，50% 的人会告诉同学和同事，大约 16% 的受访者会告诉周围所有人，告诉社会公众的受访者非常少[①]。总体来说，这种分布符合人际关系亲疏规律，即传播对象被告知食品安全信息的概率取决于其与传播者亲疏关系的远近，亲疏关系越远，被告知的概率就越低。

即时通信模式，主要是用户同现实生活中认识或熟悉的人交流，他们之间往往具有浓厚的亲近感和较高的信任度。这种心理和情感倾向使得关于食品安全事件的态度、情绪、意见等，通过即时通信方式所构成的庞大的人际传播网络迅速传播，产生强大的声势，具有强大的群际传播能力和社会组织动员能力，也具有人际传播特点。

3.2 食品安全网络舆情的传播路径

美国政治学家哈罗德·拉斯韦尔在 1948 年提出了以“5W”模式的方法对人类社会的传播活动进行分析，即：谁（Who）、说什么（Says What）、通过什么渠道（in Which Channel）、对谁（To Whom）、产生了什么效果（With What Effects）。

参考该模式，围绕公众对于食品安全信息的输入和输出，以近年来发生的重大食品安全网络舆情传播情况作为案例进行调查，通过食品安全事件爆发后，对社会公众和相关机构会选择的传播媒介、传播内容、传播对象、传播效果的统计分析，从传播行为的角度概括总结出当前食品安全网络舆情的传播路径主要有三种类型：（1）人际

① 唐钧、林怀明：《食品安全事件——信息传播机制与危机公关策略》，《中国减灾》2009 年第 6 期，第 20—22 页。

传播到群体传播，再到大众传播；(2)群体传播到大众传播；(3)大众传播到群体传播。其中，人际传播是指人与人之间凭借简单媒介等非大众传媒的信息交流活动[①]，是个体之间的相互沟通。人际传播是建立人际关系的基础，是共享信息的最基本传播形式。群体传播是指组织以外的小群体(非组织群体)的传播活动。大众传播是指职业性传播机构通过广播、电视、电影、报刊、书籍等大众传播媒介，向范围广泛、为数众多的社会人群传递信息的过程。

3.2.1　人际传播—群体传播—大众传播

[案例]2012年3月营养餐中毒事件

[事件缘起] 2012年3月29日11时40分许，新浪微博用户“@兔子的呆子哥”连发6条微博，称“贵州织金八步镇多所小学发生食物中毒事件”。

[事件扩散] 随后，“@夕拾419”等多名网民也陆续发布此消息。同日15时11分，个人资料为“贵州日报报业集团金黔在线数字报业有限公司”的网民“@小蔚姐”表示：“贵州新闻热线96677接到爆料，织金县八步中学上千名学生疑似食物中毒”。17时16分，贵州门户网站金黔在线发出电讯，称从织金县教育局了解到，发生事故的是八步小学；学生们的不适反应主要为头晕、想吐；牵涉事故的学生有七八十名。事件经微博曝光传播后，谣言开始产生，其中网民“@郭万军V”称“五人当场死亡”，网民“@聆听心琴2012”更称“现已有小孩死亡……整个小学三分之二学生在抢救过程中，八步镇网络已断”。除此之外，网络更见“免费午餐引起食物中毒”的不实传言，引发网民普遍关注，但随后被辟谣。3月29日，织金县教育局局长

① 崔保国：《山坳上的信报》，《中华新闻报》2003年10月27日，第10版。

接受金黔在线采访时对事件作出回应，他表示初步调查显示中毒与学生吃的营养餐有关，营养餐由八步中心校签约的一个承包公司提供，其中包括“金丝面包”和“蒙牛酸酸乳”；另有8个村级小学“也存在学生食物中毒情况”，织金县已停止向其他学校发放营养餐。

［**事件处理**］事件发生后，新华网、中新网、人民网等媒体对事件进行了报道，并称“中毒学生均已脱离生命危险”。同时，金黔在线再发报道，称“初步怀疑元凶是蒙牛酸酸乳”，此报道经更多新闻网站转载，立即引发更广泛的关注和质疑。3月30日，毕节市食品安全办公室通报此事时称，经调查，初步判断该事件属个别学生胃肠道功能紊乱引起的群体性心因性反应事件，与学生当天早上食用的面包和牛奶无关，不属于食品安全事故。毕节市“群体性心因性反应”的说法一出，微博舆论场反应强烈，新浪、腾讯微博平台中，10余万网民参与讨论，质疑当地官方结论、蒙牛企业产品质量者有之，建议加强监管者有之，谩骂者有之。

［**事件传播路径**］将营养餐中毒事件的扩散过程中涉及的传播媒介、传播内容、传播对象、传播效果进行梳理，不难发现营养餐中毒事件的舆情传播路径可概括为：草根微博爆料—网站转载—网民关注—政府回应—媒体关注—大众质疑—媒体跟踪报道、深入挖掘—政府执行力和监管力受质疑。由于草根微博知名度较低，微博用户之间最初的交流是从一对一的传播开始的，具有人际传播的特点。随着关注该事件微博用户数量的增多，形成了讨论营养餐中毒事件的小圈子。此时，舆情传播进入群体传播阶段。后续各大新闻网站对此微博的转载加强了网民的关注，引起政府高度重视，此时，营养餐中毒事件已进入大众传播阶段。传播路径总体概括为：人际传播—群体传播—大众传播，见图3—1。

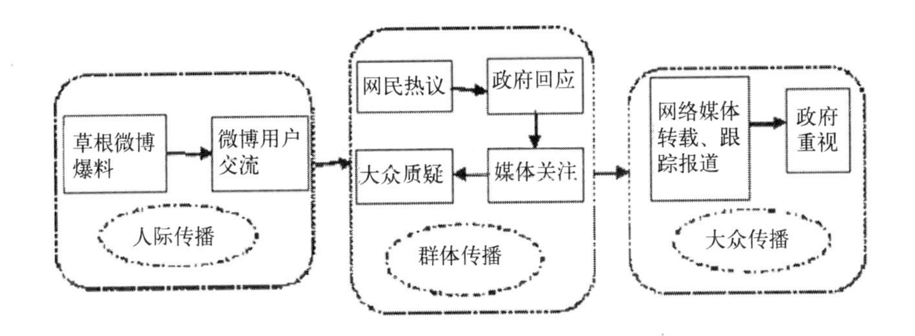

图3—1　人际传播—群体传播—大众传播路径图

3.2.2　群体传播—大众传播—人际传播

[案例]2012年4月"老酸奶"事件

[事件缘起] 2012年4月9日凌晨,《经济观察报》新闻部记者朱文强在其微博中发帖:"以后谁也别吃果冻和酸奶了，哪天你们扔了双皮鞋，转眼就进你们肚子了，其实这才是今年'3·15'晚会的重头，可惜片子没播。"中午时分，中央电视台主持人赵普再次在微博上爆料"皮革奶"事件:"不要再吃老酸奶(固体形态)和果冻了。尤其是孩子，内幕很可怕，不细说。"

[事件扩散] 这两条微博一经发布，便迅速引起网民的大量转发和评论。"'老酸奶'和果冻中有可能添加了工业明胶"几乎成为舆论"共识"，不少网民惶恐不已，并表示不再食用果冻及"老酸奶"。

4月9日晚间,"@赵普"和"@朱文强"发布的上述两条微博均已被删除。

4月10日，三大行业协会、各地质监局纷纷对此事作出回应，为"老酸奶"和果冻正名。

4月15日，事件进一步升级，中华网、东方早报网、凤凰网等网站爆"修正药业等药企胶囊原料含工业明胶"。当天，其他网络媒体继续关注“毒胶囊”事件。

4月16日，网络、电视媒体曝光修正药业等9家药企用工业明胶生产胶囊。同一天，河北某生产工业明胶的工厂被查封。多地不法厂商紧急下架“问题胶囊”。

4月19日，半岛网曝光“明胶小笼包”，引发新一轮网络热点。

4月20日，国家质检总局回应：对工业明胶检查要做到“一个不漏”。

4月21日，浙江新昌药监局局长被停职。

4月23日，公安部查扣用工业明胶生产的胶囊7700余万粒。

4月下旬到5月中旬，全国各地全力查处违规企业。

5月24日，浙江抓获15名“毒胶囊”事件疑犯。

6月10日，两名使用工业明胶生产胶囊的嫌疑犯在苏州落网。

[**事件传播路径**] 将“老酸奶”、果冻和“毒胶囊”在工业明胶事件的扩散过程中涉及的传播媒介、传播内容、传播对象、传播效果进行梳理，不难发现此工业明胶网络舆情的传播路径可概括为：名人微博爆料—微博转发—网民热议—网络新闻报道、全国媒体关注—企业回应—行业回应—网民质疑—相关事件爆发（“毒胶囊”、“明胶小笼包”）—媒体跟踪报道、评论后续进展。

由于名人微博知名度较高，拥有强大的“粉丝关注团”，“粉丝”们会就某个事件形成一个兴趣导向的小圈子，表现为群体传播形式，为第一级传播。因此，工业明胶事件的曝光和初始传播属于群体传播。后续各大新闻网站对此事件的报道、网民对网络新闻的跟帖、各大论坛和博客的转帖以及评论属于大众传播，为第二级传播。“老酸奶”、果冻是人们日常生活中经常食用的食品，胶囊是人们生病时经常食用的药品形式，可以说关系着每个人，因而，在第二阶段的传播过程中，尤其是在网民热议和质疑之后会伴随着出现人际传播，亲朋好友之间势必会相互转告，提醒注意避免食用“老酸奶”、“毒胶囊”。传播路径总体概括为：群体传播—大众传播—人际传播，见图3—2。

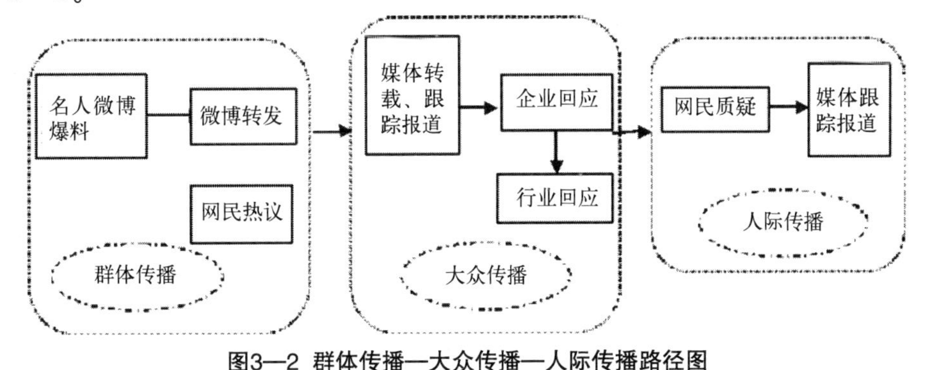

图3—2　群体传播—大众传播—人际传播路径图

3.2.3　大众传播—群体传播—人际传播

[案例] 2011 年 12 月蒙牛纯牛奶致癌事件

[事件缘起] 2011 年 12 月 24 日，在国家质检总局网站上公布的近期液体乳产品抽验结果中，蒙牛乳业眉山工厂生产的某批次牛奶被检出黄曲霉毒素 M1 超标 140%。

[事件扩散] 此消息一出，即引发网民强烈反应。蒙牛企业于 12 月 24 日当天在其官网道歉，承认这一检测结果并“向全国消费者郑重道歉”。

12 月 25 日，媒体跟进报道，包括新浪网、搜狐网、凤凰网等在内的各大门户网站、传统媒体都对此事进行了报道。仅此一天，报道量就突破 1000 条，事件影响进一步扩大。

12 月 25 日，蒙牛企业发布声明再次道歉，称“该批产品在接受抽验时尚未出库，公司立即将全部产品进行了封存和销毁，确保没有问题产品流向市场。目前蒙牛在市场上销售的所有产品均为合格产品”。

12 月 26 日，网民在天涯社区等各大论坛就此事件展开传播和讨论。

12 月 26 日，蒙牛企业就事件原因作出回应：一批饲料因天气潮湿发生霉变，奶牛在食用这些饲料后，原奶中的黄曲霉毒素超标。

12 月 26 日，国家质检总局回应：此次有问题的牛奶是蒙牛乳业（眉山）有限公司在 10 月 18 日出产的。责成不合格产品生产企业所在地质监部门，责令并监督企业召回不合格产品，对问题产品作销毁处理。

12 月 27 日，网民“男人好苦”在论坛爆料称已买到眉山产致癌蒙牛牛奶。该消息迅速被网民和媒体转发至微博，引发大量转发和评论。

12 月 27 日，针对网民的爆料，蒙牛企业回应：发现问题的某批次产品已经全部销毁，但并不代表所有 10 月 18 日那天眉山工厂生产的产品都有问题，现在蒙牛企业销售到市场上的产品都是检测合格产品。

2012 年 1—2 月，部分媒体继续关注。此次事件被网民选为“2011 十大公共卫生事件”之一。

［案例］2011 年 3 月双汇集团“瘦肉精”事件

［事件缘起］2011 年 3 月 15 日，中央电视台新闻频道《每周质量报告》栏目播出《“健美猪”真相》，称食用了“瘦肉精”的生猪大部分被河南济源双汇食品有限公司收购。“瘦肉精”成为舆论热议的焦点话题，双汇集团更是成为大众关注的焦点。

［事件扩散］

3 月 15 日，中央电视台播出《“健美猪”真相》的报道后，农业部高度重视，在第一时间责成河南、江苏农牧部门严肃查办。此新闻经网络媒体转载，成为热议话题。

3月16日，双汇集团发布声明称,“瘦肉精”事件系其子公司所为，并为给消费者带来困扰道歉。

3月17日晚间，双汇集团在其官方网站再次发布公开声明。声明称，双汇集团决定，将每年的3月15日定为“双汇食品安全日”，把食品安全落实到每一天。

3月17日，河南省食品安全领导小组办公室通报说，已对涉嫌使用“瘦肉精”的9个饲养场(户)的1512头存栏生猪全部封存。52头被检测出含有“瘦肉精”的生猪，已无害化销毁32头。其他已全部封存，适时再进行集中销毁。依法控制15人，开除公职6人，免职4人，停职检查5人。

3月18日，国家工商总局、国家质检总局相继发出紧急通知，要求各地工商部门立即组织开展猪肉市场整治专项行动。

3月23日，农业部在陕西西安召开专题会议，对“瘦肉精”监管工作进行专题部署。

[案例] 2011年4月“牛肉膏”事件

[事件缘起] 2011年4月13日,“3·15”调查曝光“牛肉膏”让猪肉变“牛肉”。当天，合肥即曝光“牛肉膏精”90分钟让猪肉变“牛肉”。

[事件扩散] 4月14日，新华网、凤凰网、新浪网等网络媒体也对事件进行了报道。

4月15日，多地曝用“牛肉膏”，并曝光添加剂还有鸭肉味、鸡肉味，可做烧烤、汤料。安徽省质监局食品化学部专家回应称多吃会致癌。

4月17日，网络媒体曝光江西、福建、广州等地及其周边市场出现一种名为“牛肉膏”的添加剂，可以把鸡肉、猪肉加工成为口感以假乱真的“牛肉”。

4月18日，有媒体称正确使用“牛肉膏”没有危害，广州市工商局称“牛肉膏”合法，引网民热议。

4月19日，广州市工商局回应称“牛肉膏”合法。

4月20—21日，权威媒体跟进曝光“牛肉膏”事件，多地“问题食品”下架。专家曝光多种方便面含“牛肉膏”调味包。

4月22日，广东省质监局、上海市质监局、漳州市质监局网曝未发现企业生产或使用“牛肉膏”，引网民质疑。

[事件传播路径] 将蒙牛纯牛奶致癌、双汇“瘦肉精”、“牛肉膏”3个事件扩散过程中涉及的传播媒介、传播内容、传播对象、传播效果分别进行梳理，不难发现这3个事件的舆情传播路径可分别概括为：

蒙牛纯牛奶致癌事件：质检部门官方网站爆料—蒙牛企业官网致歉—网络新闻报道—BBS热议—蒙牛企业官网回应事故原因—BBS质疑—微博转发。

双汇集团“瘦肉精”事件：中央电视台新闻曝光—网络媒体转载—新华网报道—农业部回应—双汇集团发布声明—河南省回应—中央电视台再次报道—国家工商总局和国家质检总局发布通知—新华网跟踪报道。

“牛肉膏”事件：传统媒体曝光—权威网络媒体跟进—专家回应—网络热议—政府回应—网民质疑。

这3个事件均由大众传媒进行曝光，一开始便进入大众传播阶段，随后的BBS热议为群体传播，微博转发伴随着人际传播，见图3—3。

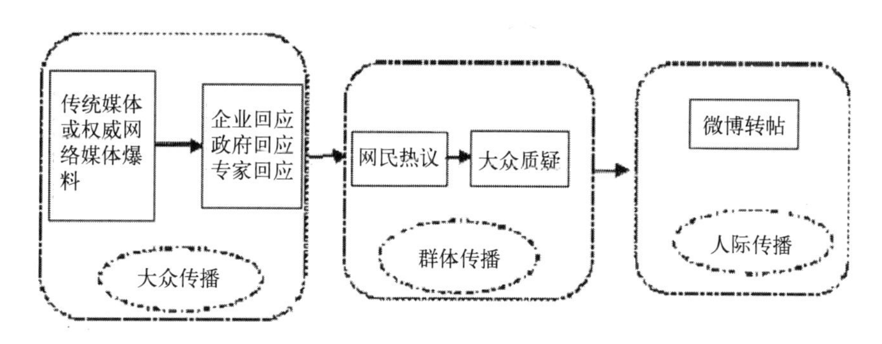

图3—3 大众传播—群体传播—人际传播路径图

3.2.4 食品安全网络舆情传播的基本路径

民以食为天。食品安全事件具有重大性和敏感性，公众高度关注食品安全事件，且主要通过电视、报纸、网络接受食品安全信息，而对新闻报道所传播信息的信任度最高，政府公告、门户网站次之[①]。综合前面所论述的传播路径可知，食品安全事件爆发后，首先通过网民爆料、网络新闻及政府披露三种渠道进入网民的视野；网民随即通过新闻跟帖、论坛发帖、博客转帖、QQ 转发等途径，对特定的食品安全事件进行转发并展开讨论；而后，相关媒体及政府部门对食品安全事件本身以及食品安全网络舆情进行跟进并给予回应。由此，食品安全网络舆情的基本传播路径可归结为图 3—4 所示。

① 唐钧、林怀明：《食品安全事件——信息传播机制与危机公关策略》,《中国减灾》2009 年第 6 期，第 20—22 页。

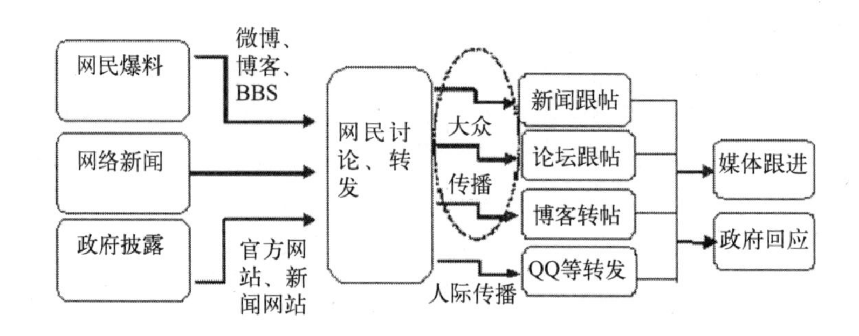

图3—4 食品安全网络舆情的传播路径图

3.3 食品安全网络舆情的传播特征

食品安全网络舆情在聚集人气、煽动情绪、形成舆论压力、进行监督方面的巨大威力远远超越传统媒体。我们将从食品安全事件个案研究出发，扩展到对大量重大食品安全网络舆情案例的系统分析，从传播者、传播内容、传播效果等视角逐一分析，揭示我国食品安全网络舆情传播的基本特征。

3.3.1 传播者视角

(1)舆情传播源头的特征

通过对2000—2011年可查证的58件重大食品安全事件的统计得出，政府机构如卫生局、质监局、工商局等在食品安全网络舆情的发布中占最大比例——60%，其中来自港澳台机构的舆情信息占有6.9%的比例；其次是媒体机构在舆情发布中占有31%的比例，其中中央电视台曝光的舆情占有5.2%的比例；来自社会群众的舆情信息占有9%的比例。而对2011年发生的500多起食品安全事件中53起影响较大的食品安全网络舆情热点事件分析发现：事件曝光过程中，群众的举报、主动爆料占40%，政府披露占34%，媒体披露占24%，其他占2%。可见，论坛、博客、微博等媒体平台的出现，为平民公众关注、参与食品安全事件的传播提供了方便、简单的通道。

在三大类舆情发布者中，政府机构对食品的检验检测和消息发布具有权威性，因此，政府机构常常是舆情的领导者，相关政府机构的信息引导着食品安全网络舆情的发展方向。媒体部门不具备专业的食品安全知识和监测技术，其消息的权威性不如相关政府机构。由于媒体的迅速广泛的传播性，可以最大限度地让公众知情，因而会给食品安全事件肇事主体形成巨大的舆论压力，甚至“媒治”成为治理食品安全问题的主要手段。另外，媒体在曝光食品安全问题之后便展开对事件的大幅报道，如果此时政府、企业和专家没有很好地对媒体进行正确的“知识疏导”，任由媒体自由发挥式地报道，将会导致错误的舆论导向。更有甚者，一些媒体记者为博取眼球而炮制“伪食品安全事件”，如“纸馅包子”、“注水西瓜”、“甲醛啤酒”、“皮革奶粉死灰复燃”等，因此需要政府及时进行引导。互联网是完全开放的，给了所有人发表意见和参与讨论的便利，每个网民都可以成为食品安全信息的发布者，都可以传播食品安全信息，讨论、评论食品安全事件，探究食品安全事件的真实情况。由于互联网的匿名特点，网民会自然地表达自己的真实观点或真实情绪。所以，食品安全网络舆情比较客观地反映了社会中存在的食品安全问题，体现人民群众的心声。但另一方面，由于网络的自由性，也会使得网络上存在很多虚假信息。

（2）舆情传播的地区特征

在中国大陆地区，食品安全网络舆情大多来自经济比较发达的东部大中型城市，而在经济欠发达的西部地区，这类舆情消息很少。重大食品安全网络舆情事件更为频发的地域以东部地区与大城市为最，而且，城市越发达，受网络舆论关注的程度越高。以方位而言，频发顺序是：东部、中部、西部；以发达程度而言，频发顺序是：大城市、中小城市、农村偏远地区。在东部及大城市中，北京、广州、上海、深圳最为突出。原因显而易见：北京为全国政治、文化中心，上海为经济贸易中心，广州、深圳为东部沿海最为发达的地区。

（3）舆情传播的偏差性

对我国大大小小的食品安全事故报道进行总结，发现食品安全信息传播模式大致都遵循：发生问题—媒体曝光—相关部门介入—查处、检验、定性—相关责任人受处罚。媒体的报道往往先于相关部门的介入，但媒体不是专家，在把握食品安全信息的准确性、科学性、权威性上比不上相关部门。

3.3.2 传播内容视角

（1）舆情信息的不对称性

食品作为一种特殊的商品，其生产、销售过程中的信息不对称现象更为突出。食品的颜色、光泽、大小、成熟度、品牌、包装、价格等搜寻品特征，在购买之前就能够直接了解。食品的新鲜程度、口感、味道等经验品特征，只有在亲身食用之后才能了解到。食品是否含有抗生素和激素、胆固醇、沙门氏菌、农药残留以及各种营养元素是否达标等信用品特征，在亲身食用后也无法了解。这决定了食品生产者和消费者之间存在严重的质量安全信息不对称。信息不对称始终是社会中存在的一种现象。一方面，随着网络信息的承载和发布能力增强，公民获取信息的成本大大降低，所获信息的丰裕度和及时度有了较大提高，因此，网络弱化了信息不对称问题。另一方面，由于网络瓦解了统一舆论，导致信息发布权威缺少，网民面对网络空间中海量的信息，不知道孰真孰假，希望通过无数人的资讯和意见相互纠偏，复合印证，发现真相。当注意到某个食品安全事件及其相关评论后，公众会力求关注事件的信息及衍生的舆情，并通过舆情获得个人行为的坐标，减少事件对自己可能带来的危害和影响。从而，使得网民积极关注舆情，并积极地将相关舆情传播给亲朋好友。这种自发或自觉的行为造成了舆情大量传播。

然而，消费者受自身专业水平的限制和食品检测成本的制约，没有能力对食品的质量安全状况作出判断，处于完全弱势的地位。监管部门由于检测标准、技术等滞后和采取抽检方式的原因，也不一定能有效判断食品中所添加的非食用成分，使得食品安全问题的隐蔽性相当强，存在着严重的信息不对称。而且，媒体和公众获得的信息与知识往往是片面的、破碎的，无法形成完整的知识链，很难确保食品安全信息传播的准确性和快速性，难免出现在食品安全网络舆情传播过程中事件严重程度和问题食品的危害程度被夸大的情况。

[案例] 2012 年 6 月烟台“药袋苹果”事件

[事件梗概] 2012 年 6 月，电视媒体爆出烟台部分果农使用违禁药袋。随后，搜狐视频、凤凰网转载此新闻。该事件引起全国关注，微博、论坛、门户网站纷纷讨论“药袋苹果”事件。此事件直接导致烟台苹果滞销，价格严重下滑。中央电视台《新闻调查》栏目对此事进行了报道，经过监测和评估后，没有发现任何农药残留超标的苹果。

[事件启示] 由于舆情的信息不对称，当有关食品安全的事件爆发时，公众无法准确获取信息。在各种媒体报道下，公众倾向于认为事件是真实的，进而以方便的方式进行传播。权威部门和权威媒体的调查报道及时、公正地反馈给公众，是避免恐慌的有效措施之一。

（2）舆情传播的偏差性

由于受各种主、客观因素的影响，一些网络言论缺乏理性，带有很强的个人感情色彩和情绪，甚至把互联网作为发泄情绪的场所。通过相互感染，这些情绪化言论很可能发展成有害的舆论。近年来我国食品安全问题频发，公众谈食色变，这种情绪加剧了食品安全网络舆情传播的偏差性，造成食品安全问题真假难辨。一旦出现误传、谣言，其社会反响特别大。如卫生部于2010年4月22日在其网站公布了《生乳》（GB19301—2010）等66项食品安全国家标准，随后国内多家媒体对此进行了报道，并以"新乳品国标"、"三聚氰胺零容忍"、"从允许限量添加更改为不允许添加"等主题对这一新闻进行传播、转载和评论，引起了消费者对新国标的误解，也对监管部门的政策准确性提出了异议。

（3）舆情传播的针对性

传统传播媒体栏目设置较多，涉及面很宽，针对性不强，受众无法按需要去有目的地搜索和选择食品安全讯息。而食品安全网络舆情的网络传播则不同，网媒创立者的初衷皆为向某一类特定受众发布对其有价值的讯息，具有很强的针对性。例如中国食品质量安全监督网、国家食品质量安全网、新食品网等网站，都是专门针对食品安全问题而开设的。从这些网站上，我们可以了解到食品安全监管机构的最新工作动态，及时得到食品安全事件的信息。

3.3.3 传播效果视角

传播效果是指传播媒介传播的各种信息在受众中产生的反应，包括引起的关注、改变的态度以及促使他们行为的改变[①]。食品安全

① 张俊生：《传播学视阈下对食品安全信息的传播机制透析——从上海染色馒头事件说起》，《声屏世界》2011年第8期，第15—16页。

信息传播出去后，可能对一起食品安全事件起到安抚和缓解作用，也可能激起受众的恐慌情绪。食品安全网络舆情主要是通过“舆论场”形成强大的舆论压力对事件各方施加影响，从而左右事件进程。食品安全网络舆情传播的影响与效果主要包括两个方面：食品安全网络舆情传播的时效性和食品安全网络舆情影响的广泛性。

（1）传播的时效性

借助于网络的时效性，食品安全信息传播的周期大大缩短，单位时间传递的信息量大大增加，食品安全网络舆情得以快速、方便地扩散。

[案例] 2010 年 4 月私炼猪油事件

[事件梗概] 2010 年 4 月 28 日，长沙市工商执法人员突击检查一个无证无照的猪油作坊时，发现用廉价收购的生猪屠宰后的下脚料炼猪油。此食品安全事件经《京华时报》报道后，随即被中国青年网、新华网、人民网等 17 个网络媒体转载、评论，传播渠道呈爆炸发散状态，引起了网络对食品安全、食品标准以及检验等问题的讨论。

[事件追踪] 2010 年 4 月至 2011 年间，多地相关部门取缔非法私炼猪油作坊。

2012 年 3 月，泉州网曝光黑作坊炼制猪油的新闻，并爆出这些猪油主要流向工厂食堂和大排档，经微博、论坛转载后引起公众广泛关注。

[事件启示] 由于网络的即时性，导致其传播速度非常迅速、传播面相当广泛，当网络上出现大家都关注的食品安全事件后，就要求政府监管部门或权威媒体及时作出反应，保障网民的知情权，平息网民的恐慌情绪。

（2）影响的广泛性

食品安全关乎社会每个人的切身利益乃至生命，牵涉到普通老百姓最敏感的神经。一旦有食品安全事件发生，食品安全信息的传播速度就会如同大水泛滥、大火蔓延，会在短时间内对个人、公司、社会甚至国家产生广泛的影响，搞得满城风雨、人人自危，甚至会影响到出口国的国家形象以及与进口国的关系。例如，韩国人因害怕进口美国牛肉会传染上“疯牛病”而游行示威，反对进口美国牛肉。

3.4 食品安全网络舆情的传播规律

随着互联网的普及和自媒体传播媒介的发展，网络舆情的影响力日益彰显，这引起党中央的高度重视，党的十七届四中全会明确提出“注重分析网络舆情”。不断发生的食品安全事件激起了网络的巨大声音，食品安全网络舆情成为网络媒体关注的热点。全面掌握食品安全网络舆情传播规律，是政府积极引导社会舆论、企业妥善应对舆情危机事件的关键。

目前关于食品安全网络舆情传播规律的研究基本处于开始阶段，检索到的文献主要是针对网络舆情传播、演进规律的研究。田卉和柯惠新认为，网络舆情形成与危机事件传播模式具有部分相似[①]。由于食品安全网络舆情是针对特定食品安全事件的网络舆情，从本质上仍属于网络舆情，二者的传播规律会有较大的共性，因此，食品安全网络舆情传播规律的研究可借鉴网络舆情传播规律的研究成果。在自然科学领域，关于舆情的演进模式和规律主要通过对演进过程建立数理模型的方式。本节将讨论能够模拟食品安全网络舆情传播规律的三个基础理论：危机信息传播理论、复杂网络理论和疾病传播理论。

① 田卉、柯惠新：《网络环境下的舆论形成模式及调控分析》，《现代传播》，《中国传媒大学学报》2010年第1期，第40—45页。

3.4.1　危机信息传播理论

以信息传播理论为基础，国内外很多学者对危机信息传播模式进行了研究。两种有代表性的危机信息传播模式为：Fiona Duggan 和 Linda Banwell[①] 构建的危机中信息的传播模式，以及香农和韦弗的危机信息传播模式。

Fiona Duggan 和 Linda Banwell 从危机信息发送者与接收者的层面入手，把影响信息发送者和信息接收者的因素分为内部因素与外部因素，并认为信息发送者的编码规则在危机信息传播过程中起到主导作用。这一传播模式如图 3—5 所示。

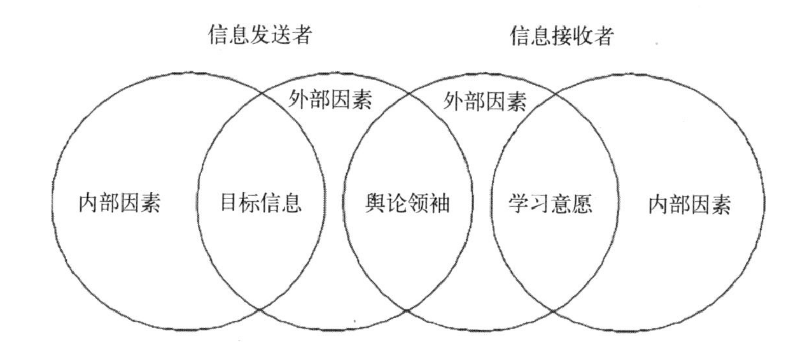

图3—5　Fiona Duggan和Linda Banwell的危机信息传播模式

Fiona Duggan 和 Linda Banwell 的危机信息传播模式对于理解影响危机信息传播的因素具有重要作用，但这一模式没有过多地阐述危机信息的传播过程。而香农和韦弗的模式可以用来构建危机信息的传播模式，如图 3—6 所示。

---

① F.Duggan and L.Banwell , *Constructing A Model of Effective Information Dissemination in A Crisis Information Researtch* , 2004, 5(3):pp.178-184.

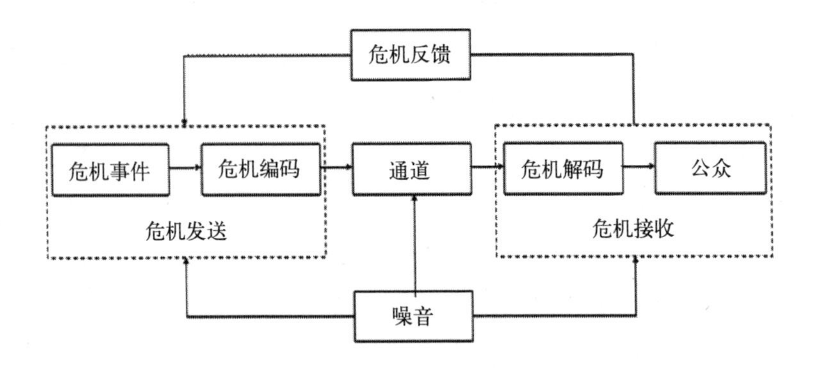

图3—6 香农和韦弗的危机信息传播模式

3.4.2 复杂网络理论

复杂网络模型由于具有善于捕捉网络形成的动态特性、揭示各种微观机制对网络结构的影响、发现网络的演化规律等诸多优点，而被用于对舆情或谣言的传播建模。

（1）Sznajd 模型

Sznajd 模型[①]首次利用离散意见，研究了个人意见如何受到外部社会群体的影响。Sznajd 模型的设计前提为：一个人的意见受到外部社会群体的影响，群体的规模越大则影响越大；说服一个人，两个或三个人的意见比一个人更有效。因此，每个 Agent 占据线性链中的一个位子，并且有二元意见，两个邻居 Agent i 和 Agent(i+1) 决定了他们的邻居的意见(i—1, i+2)。演化规则如下：

如果 $S_i = s_{i+1}$，那么 $S_{i-1} = S_i = s_{i+1} = s_{i+2}$　　(3.1)

如果 $S_i \neq s_{i+1}$，那么 $S_{i-1} = s_{i+1}, S_i = s_{i+2}$　　(3.2)

如果 Agent i 和 Agent(i+1) 意见相同，他们会影响其邻居的意

① Sznajd-Weron.K, Sznajd.J，*Opinion Evolution in Closed Community*.2000,11(6):pp.1157-1165.

见，按公式(3.1)运行。如果两个 Agent 意见不一致，则各自影响另一个 Agent 的邻居。

系统中所有 Agent 用随机的顺序更新，初始状态是完全随机的，两种意见都随机分布，后一种 Agent 按公式(3.2)运行，有 1/2 的概率可以获得，而达成公式的概率各为 1/4。

(2)意见连续模型

由于现实生活中，不是所有人的意见都可以用“左”或者“右”进行描述，很多人的意见是介于二者之间的，因此，出现了具有连续意见的模型。模型的初始状态一般假设 N 个 Agent 具有随机意见。几乎所有 Agent 的初始意见都不相同，可能的图景也非常复杂，最终会出现一些意见簇。簇的数目可以是一个、两个或者更多。在意见连续模型中，最为经典的就是 Deffuant 模型[①] 和 Hegselmann-krause 模型[②]。在 Deffuant 模型中，Agent i 被赋予意见 $x_i(0 \le x_i \le 1)$。在时间步 t，假设 Agent i 和 j 两个需要交互的个体，他们的意见分别为 $x_i(t), x_j(t)$，他们差值的绝对值超过了阈值 ε，彼此什么也不做，否则

$$x_i(t+1) = x_i(t) - \mathrm{m}\left|x_j(t) - x_i(t)\right| \tag{3.3}$$
$$x_j(t+1) = x_j(t) - \mathrm{m}\left|x_i(t) - x_j(t)\right|$$

参数为收敛参数，在 0—0.5 间取值。

(3) KH 模型

通常，在形成看法的过程中，人们不会仅简单接受或完全忽视其他人的观点，而是在一定程度上参考他人意见。基于给其他人

---

① Deffuant G, Neau D, Amblard F, et al, “Mixing Beliefs among Interacting Agents”,*Advance Complex Sytem*,2000,3(1-4):pp.87-98.

② Hegselmann R, Krause U, “Opinion Dynamics Driven by Various Ways of Averaging”,*Comput Econ*,2005,25(4):pp.381-405.

的观点赋予不同加权值的方法建模，形成个体的观点，Krause 和 Hegselmann 提出了 KH 模型[①]。KH 模型仍采用连续的方式定义观点值。考虑 N 个个体组成的群组，个体 i 在 t 时刻所持有的观点值用 $x_i(t)$ 表示，$0 \le x_i(t) \le 1$。在下一时刻，个体 i 的观点值由下式决定：

$$x_i(t+1) = a_{i1}x_1(t) + a_{i2}x_2(t) + \cdots + a_{in}x_n(t) \qquad (3.4)$$

其中，a_{ij} 为节点 i 与节点 j 之间的权重，满足 $\sum_{i=1}^{n} a_{ij} = 1$。

如果令 x(t) 表示 t 时刻全部节点的观点值 $(x_1(t), x_2(t), \cdots, x_n(t))$ 组成的矢量，则 KH 模型一般形式的矩阵表示为：

$$x(t+1) = A(t, x(t))x(t) \qquad (3.5)$$

其中，$A(t, x(t))$ 是由权重值构成的矩阵。权重值可能随着时间和个体观点值而发生变化，所以上式的一般形式中将权重矩阵表示成时间 t 和观点值矢量 x(t) 的函数。由公式 (3.4) 可知，KH 模型中个体的观点是由其他个体观点的算术平均值确定的。当给定不同的约束条件时，公式 (3.5) 给出的模型的一般形式可以描述多种不同的演化过程。

（4）全局与局部邻居模型

Schulze 在 Sznajd 模型的基础上给出了一个舆论演化的全局与局部邻居模型[②]，重点考察了个体交互的结构与舆论演化的关系。该模型定义了一种全局关联与局部关联相结合的混合模式，使个体间的相互影响既可以发生在从系统中任意选取的两个个体之间，也可以发生在最临近的个体之间。与 Sznajd 模型的只有邻居个体间可

---

① Hegselmann R, Krause U, “Opinion Dynamics and Bounded Confidence Models, Analysis and Simulation”,*Jounal of Arrificial Societies and Social Simulation*,2002,5(3):pp.2-34.

② Sehulze C.Sznajd,“Opinion Dunamics with Global and Local Neighbourhood”, *Mod Phys*,2004,15(6):pp.867-872.

以产生相互影响的方式相比，这种影响关系的定义更切合实际。

这个模型假设个体分布在一个 L×L 的平面网格上，共有 N=L×L 个个体，并且有 Q 种可能的观点。在每一次相互作用中，随机选择 N 对个体（每次选择一对，共进行 N 次）。当且仅当一对个体持有相同的观点时，这对个体中的每一个才使其最近的 4 个邻居个体相信其所持有的观点。

该模型分别采用广播模式与有限信任的假设来确定个体的全局邻居和局部邻居。在使用有限信任假设时，只有被选出的一对个体的直接邻居能够被说服，并且邻居个体的观点与原个体的观点差异为 ±1；而在使用广播模式的假设时，每一次相互作用中，每个个体可以以 0.1 的概率独立地采纳观点 2。

在一个具有 N 个节点的有限网格上，当只采用有限信任假设时（不使用广播模式），如果观点只在 {1，2} 中取值，即 Q=2（实际上在 Q=2 时，有限信任的假设没有意义），持有观点 1 和观点 2 的个体的数量差服从均值为 0 的二项分布；当 N 很大时，接近宽度 $\infty\sqrt{n}$ 的高斯分布或相对宽度 $W\infty 1/\sqrt{n}=1/L$。当观点在 {1，2，3} 中取值时，即 Q=3，有一半的时候，能够形成统一的观点，即出现主流舆论；而当 Q=4 时，很少能够形成统一的观点，且只有在 N 较小时才能形成统一观点。

当加入广播模式的假设时，如果 Q=2，观点初始概率的中心将独立于群体规模，中心概率 $p\approx 0.52$，此时观点 1 多出的 2% 将抵消观点 2 的 10% 的广播效应。

全局与局部邻居模型描述个体交互行为的方式是很有借鉴意义的。由于食品安全关系社会公众的身心健康，具有重大性和敏感性，公众会通过电视、报纸、网络等渠道高度关注食品安全事件，然后，通过口耳相传、电话通知、手机短信、社交网络等方式传播食品安全信息。在食品安全信息传播媒介信任度上，表现出对电视和报纸所传播信息的信任度更高；在对传播对象的选择上，符合人际关系亲疏规律。因此，更加适合采用基于社会网络的舆情传播模型研究食品安全网络舆情的传播规律。

3.4.3 疾病传播理论

传染病学是研究传染性疾病的暴发及传染规律，并给出预防和控制传染病的策略与方法的学科。传染病在人群中的传染过程分为传染源、传染途径和易感人群三个环节。传染病的传播规律，受到各种自然因素（气候、地理、土壤等）和社会因素（人口密度、居住条件、社会习俗等）的影响。传染病的传播过程一般可分为潜伏期、症状期、恢复期三个阶段。潜伏期是指从病原体侵入人体至临床症状出现的这一段时间。症状期是指出现临床症状到症状开始消失的时期。恢复期是指携带者的传染性逐渐消失的时期。

SIS、SIR 和 SIRS 模型是最基本的三个经典传染病模型。这几个模型有共同的基本假设：

• 假设人口总数为 N 且不会发生变化。

• 易感个体与感染者发生接触才会被感染，且存在一个固定的感染率 λ，同时存在一个阈值 λ_C，当实际传染速率大于 λ_C 时，传染病将会暴发并一直存在于人群中。

• 每个个体有相同的恢复率 γ。

（1）SIS 模型

SIS 模型假设人群中的每个个体有两种状态：易感状态 S（Susceptible）和传染状态 I（Infected），并且每个个体只能处于这两种状态之一。易感状态表示个体当前处于健康状态，但当接触到传染源时，会以感染率 λ 被感染，并从易感状态变为传染状态。处于传染状态的个体会传染给与其接触的个体，但会以恢复率 γ 被治愈，但被治愈的个体并不会获得对传染病的免疫能力，当再次接触到处于传染状态的个体时，仍然会以概率 λ 被感染，并从易感状态变为传染状态。即人群中每个个体按图 3—7 中的规律进行演化。

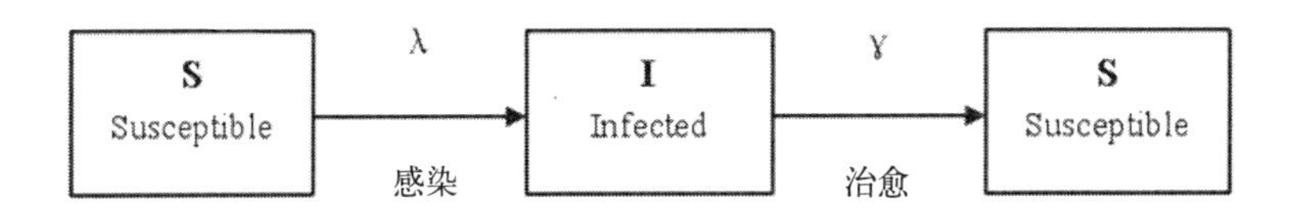

图3—7 SIS模型演化规律示意图

假设易感者和感染者在人群中的比重分别为 S(*t*)、I(*t*)，用平均场方程写出传播微分动力学方程：

$$\begin{cases} \dfrac{dS(t)}{dt} = -1\ I(t)S(t) + gI(t) \\ \dfrac{dI(t)}{dt} = 1\ I(t)S(t) - gI(t) \\ S(t) + I(t) = 1 \end{cases} \tag{3.6}$$

（2）SIR 模型

有些传染病的感染者在被治愈后，就获得了永久的免疫能力，不会再次被传染。Reed 和 Frost 在 1920 年首先提出了 SIR 模型来描述这类传染病在人群中的传播。SIR 模型和 SIS 模型的主要区别是，在 SIS 模型中的易感者 S 和传染者 I 两个主体之外增加了一个免疫者 R(Recovered)。处于传染状态的个体在接受治疗后，会以概率 γ 被治愈，从而恢复健康状态，同时获得对传染病的永久免疫能力，当再次接触到处于传染状态的个体时，不会再次被感染。SIR 模型的演化规律示意图如图 3—8 所示。

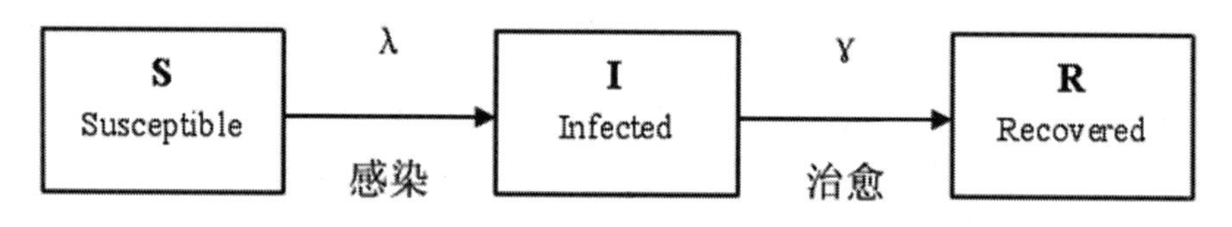

图3—8 SIR模型演化规律示意图

假设易感者、传染者和免疫者在人群中的比重分别为 S(t)、I(t)与 R(t)，显然满足 S(t) +I(t) +R(t) =1，用平均场方程写出 SIR 模型的传播微分动力学方程：

$$\begin{cases} \dfrac{dS(t)}{dt} = -1\ I(t)S(t) \\ \dfrac{dI(t)}{dt} = 1\ I(t)S(t) - \mathrm{g}I(t) \\ \dfrac{dR(t)}{dt} = \mathrm{g}I(t) \\ S(t) + I(t) + R(t) = 1 \end{cases} \tag{3.7}$$

（3）SIRS 模型

在实际生活中，某些类型传染病患者虽然在治愈后获得比较长的免疫周期，但并不能终身免疫，如肺结核病患者在适当的场合下这种免疫力会失效。基于此实际情况，学者们提出了 SIRS 传播模型。

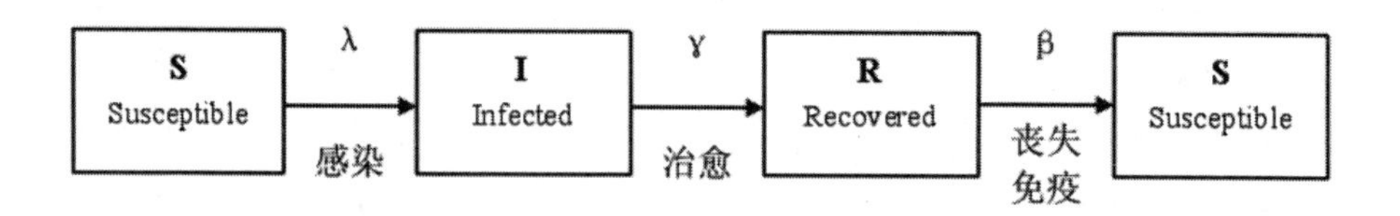

图3—9 SIRS模型演化规律示意图

处于易感状态的个体接触到处于传染状态的个体时，会以概率 λ 被感染，并从易感状态 S 变为传染状态 I。处于传染状态的个体在接受治疗后，会以概率 γ 被治愈，从而进入免疫状态 R，又会以概率 β 丧失免疫力，从而恢复易感状态 S。SIRS 模型的传播微分动力学方程为：

$$\begin{cases} \dfrac{dS(t)}{dt} = -1\,I(t)S(t) + \mathrm{b}\,R(t) \\ \dfrac{dI(t)}{dt} = 1\,I(t)S(t) - \mathrm{g}I(t) \\ \dfrac{dR(t)}{dt} = \mathrm{g}I(t) - \mathrm{b}\,R(t) \\ S(t) + I(t) + R(t) = 1 \end{cases} \tag{3.8}$$

以上三种传播理论在传播学领域被广泛认可和应用。食品安全网络舆情的传播可能会呈现什么样的规律，需要我们就食品安全网络舆情事件进行深入的分析。然而，目前网络上能够搜集到的食品安全事件数据比较单薄，也不够详尽，我们也不敢贸然在影响因素不全面的情况下进行传播理论的分析，这也是本《报告》下一步的努力目标。

第四章

食品安全网络舆情的预警与引导机制

针对形势日益严峻的食品安全网络舆情事件，如何及时、迅速、准确地搜集和审视食品安全事件引发的网络舆情的生成与传播机制，抢占食品安全网络舆情制高点，及时给予积极反馈和正面引导，解除各种可能引发社会矛盾的消极因素，迅速控制并平息各种不良事态，是当前食品安全利益相关者共同面临的巨大挑战。本《报告》前三章对食品安全网络舆情的内涵（包括概念界定、要素及特点）、食品安全网络舆情的生成机制（包括原因及模式研究）、食品安全网络舆情的传播机制（包括传播媒介、路径、规律及特征），展开了不同程度的分析与阐述。本章则重点研究食品安全网络舆情的预警与引导机制，为正确、规范、有效地引导食品安全网络舆情提供技术和政策上的支撑。

4.1 食品安全网络舆情预警的概念与基本特征

4.1.1 食品安全网络舆情预警的概念

结合吴绍忠等人[①]对网络舆情预警的定义，本《报告》对食品安全网络舆情预警进行了细化，认为：食品安全网络舆情预警就是发现对食品安全相关舆情出现、发展和消亡具有重要影响的因素，并不间断地采集、度量它们的信息，根据预警体系的内容，运用综合分析技术，预测其发展趋势，并作出等级预报的活动。

食品安全网络舆情预警的目的就是为了有效预防、及时控制和消除食品安全网络舆情可能造成的社会危害，维护正常的社会秩序，恢复公众对政府的信任。加强食品安全网络舆情预警，是构建社会主义和谐社会、适应当前形势发展并维护社会公平正义的需要。

4.1.2 当前食品安全网络舆情的发展态势

食品安全网络舆情信息的表现形式共有四种，即随着时间的推进在不同的阶段上会有不同的表现：

潜伏期的食品安全网络舆情信息，是在舆情爆发前处于缓慢而平静的积累过程；

爆发期的食品安全网络舆情信息，快速扩散，发生从量变到质变的突变；

持续期的食品安全网络舆情信息，一直处于动态发展和变化中；

解除期的食品安全网络舆情信息，事件基本得到解决，数量明显减少。

---

① 吴绍忠、李淑华：《互联网络舆情预警机制研究》,《中国人民公安大学学报(自然科学版)》2008年第3期，第38—42页。

当前，我国食品安全网络舆情的发展呈现一触即发的态势。究其原因，是由于食品安全问题在我国是一个由来已久的问题，消费者与食品企业、食品监督部门已经产生了深层的矛盾。在1998年山西甲醇“毒酒”、2000年年底至2001年广东“毒大米”、2002年5月湖南省陵水县有毒蔬菜、2003年“敌敌畏”浸泡金华火腿等食品安全事件的影响下，民众对于食品安全事件的关注度不断提高。在2011年由南京大学—谷尼网络舆情实验室发布的《2010—2011中国网络舆情报告》[①]和上海交通大学发布的《2011食品安全网络舆情报告》[②]中，都反映出我国的食品安全事件频发，食品安全网络舆情继2010年后再次成为年度舆论关注热点。人民网舆情监测室通过对2011年较为重大的企业舆情危机事件进行整理后发现，食品行业的舆论环境最为不利，负面事件的曝光频率为25.7%，远高于其他行业[③]。

综合上述情况，可以看出，一旦出现突发食品安全事件，并在此类事件的刺激下，原有的矛盾被激化，媒体受众原本被压抑的情绪、态度和意见就会凸显出来。也就是说，我国食品安全网络舆情信息从表现形式上来看，由潜伏期到爆发期的时间越来越短。

[案例]2009年12月农夫山泉“砒霜门”事件

[舆情发展过程] 根据中国传媒大学网络舆情（口碑）研究所/IRI咨询的研究，该事件从2009年11月24日至26日被媒体曝光后，到2009年12月2日，达到舆情高峰。舆情发展到高峰所用时间仅有7天。

---

① 南京大学—谷尼网络舆情实验室发布《2010—2011中国网络舆情报告》，2011年8月25日，见http://news.xinhuanet.com/newmedia/2011-08/25/c_121907322_3.htm。

② 《2011食品安全网络舆情报告》，2011年12月31日，见http://news.xinhuanet.com/yuqing/2011-12/31/c_122518538.htm。

③ 《监测显示：食品能源等领域网络舆情危机高发》，2012年4月12日，见http://yuqing.people.com.cn/GB/17641561.html。

[案例] 2012年2月“思念”汤圆创可贴事件[①]

[舆情发展过程] 根据锐安公司的舆情报告，该事件在2012年2月5日晚由一位名叫“李小鸦”的网民在新浪微博爆料后，引发网民热议。此微博一经发出，舆论哗然，并迅速抢占微博热点排行榜。截至2月8日17点43分，该微博已被转发12555次，评论共计1446条；其中2012年2月7日的新闻报道达1128篇，为此次事件顶峰期。舆情发展到高峰所用时间仅有2天。

[事件启示] 通过上述两个案例可以看出，事件从曝光到舆情高峰的时间很短，并且随着新网络技术的应用与普及，该时间间隔被进一步缩短。

4.1.3　食品安全网络舆情预警的基本特征

预警有助于在食品安全网络舆情出现初期就及时发现并跟踪舆情发展情况，政府监管部门可以在事先有准备的情况下有效应对舆情的发展。然而，当前食品安全网络舆情的预警存在许多需要改进和健全的因素。

(1)食品安全网络舆情预警难度大

主要表现在两个方面：首先，如前文所述，食品安全网络舆情的快速传播与发展，使得食品安全网络舆情信息采集、舆情分析以及预警等级评定等这一预警工作过程的效率面临巨大挑战。其次，当前国情削弱了食品安全网络舆情预警的及时性。由于我国社会的发展状况，包括经济发展水平、文化差异、人民群众生活习惯，以及生产经营者的守法意识等原因，造成食品安全网络舆情预警，在很多情况下难以发布。不是因为有些信息难以达到预警标准，而是因为

① 锐安舆情：《创可贴汤圆引人深思，食品安全再受重视》，2012年2月9日，见http://ishare.iask.sina.com.cn/f/23422273.html。

有些信息在管理者看来不足以引起预警，如无证生产、不合标准的生产、检测标准滞后、执法腐败等等，等到有足够准确的信息可以发布预警时，已经产生了较大的危害。

（2）食品安全网络舆情预警的源头控制需加强

由于食品安全网络舆情爆发时间短，所以要能识别食品安全网络舆情风险之源，要善于捕捉真实信息，准确分析、判断事件的性质及发展方向，将舆情努力化解在萌芽状态。

这两个特征反映到实际工作中，有以下两个方面的表现：第一，需要具备高效的舆情信息采集手段。高效的舆情信息采集手段是从源头控制食品安全网络舆情发展的基础。食品安全网络舆情信息散布于浩瀚的互联网中，特别是随着互联网技术的发展，网上信息更是呈现出爆炸式增长的态势。这决定了当前食品安全网络舆情信息的采集需要依托于技术手段，以自动收集的方式为主，但受自动化技术智能水平的局限，对于一些重点网站仍然需要采用人工收集的方式。第二，需要具备科学、高效的舆情分析能力。科学、高效的舆情分析能力是从源头控制食品安全网络舆情发展的关键。具体是指在已有舆情数据的基础上，通过科学、高效的分析能力，及时发现与食品安全相关的话题。在分析过程中，若由人工分析，就需要分析人员熟悉食品安全网络舆情发展的总体态势，并能够从细节中发现倾向性话题；若由系统分析，需要采用话题发现等较新的信息处理技术。

[案例]2012年平息"鱿鱼丝含毒"的质疑[①]

[事件梗概]深圳市标准技术研究院了解到，香港消费者委员会测试市面上65款肉干食品发现，其中8款鱿鱼丝和1款鱼干的砷含

---

① 《深圳标准技术研究院开展食品安全舆情分析》，2012年3月23日，见深圳质量新闻网http://szs12365.com/NewsOpen.asp?id=26575&Page=2。

量超标；1 款鱿鱼丝样本的总砷含量达到每公斤 35.3 毫克，若每周进食 3 包（每包 90 克）此种样本的鱿鱼丝，可能超出每周可容忍摄入量的国际标准。由于香港没有干制鱼类的砷含量标准，香港食物安全中心参考国际标准和文献资料，计算出 8 个样本的砷含量都没有超标，与香港消费者委员会的测试结果完全相反。围绕鱿鱼丝重金属含量标准的缺失与参考文献的权威性问题，香港各方莫衷一是、众说纷纭。

针对这场风波可能影响到深圳市场，深圳市标准技术研究院依托其独有的标准法规资源优势，通过对该事件舆情信息的全面了解，针对重金属含量标准的争论焦点问题，搜索到了权威的标准参考信息，包括联合国粮食农业组织、世界卫生组织联合食物添加剂专家委员会的标准，相关国际食品标准，香港《食物掺杂（金属杂质含量）规例》等重要信息，为深圳市市场监管局快速获取舆情热点、掌握事件焦点、取得专业技术标准资讯、正确应对媒体报道、准确掌控监控方向提供了重要技术支持。最后，监管部门参照相关权威标准，确定深圳市场的鱿鱼类干制品无机砷含量符合国家标准要求，从而很好地平息了媒体争论及消费者质疑。

[事件聚焦] 深圳市标准技术研究院了解到香港出现对鱿鱼丝重金属含量标准与参考文献权威性的质疑，考虑到该事件可能会影响本地市场，该研究院广泛搜索鱿鱼丝重金属含量标准方面的权威资料。这些举措为深圳市市场监管局掌控舆情提供了有效支撑，避免了舆情的蔓延与发展。

[事件启示] 要根据所采集的舆情信息及时发现问题征兆，提高监管工作的针对性与准确性，避免舆情的大规模爆发。

因此，构建食品安全预警机制主要从以下两个方面入手：首先，建立食品安全网络舆情监测及预警机制，及时掌握舆情动态；其次，建设并完善组织架构和制度体系，保障这一机制的正常运行。

4.2 食品安全网络舆情预警的基本环节

食品安全网络舆情预警的主要服务对象是政府的相关决策部门。就舆情预警工作而言，明确了服务对象，才有助于进一步增强舆情信息采集与分析工作的针对性。因而，食品安全网络舆情预警的基本环节包括舆情信息的监测、汇集、分析、报送、筛选、预警等环节，这些环节之间需要相互协作、紧密配合。参与食品安全网络舆情预警的主体主要承担信息收集、分析、报送及预警，可以是政府部门的相关机构，也可以是第三方舆情检测机构。

4.2.1 食品安全网络舆情信息的汇集

食品安全网络舆情信息的来源呈现多元化的特征，因此需要熟悉各种形式媒体的信息传播特征，加强监测各种形式的媒体中食品安全信息的发展动态，提高预警水平。

（1）互联网

网上的食品安全网络舆情，是公众对食品安全现状态度的一个重要表现窗口，其载体亦呈现多样化特征。

网络新闻

网络新闻报道的热点往往反映了社会的焦点，包括了事件概要及人民群众的态度等；许多网站都开设有新闻评论功能，鼓励网民发表看法，催生互动，提升人气。大型网站还根据留言情况，设置热点新闻排行榜。新闻评论是供网民发表意见的渠道，通常是一事一设，所以集中反映了网民对某一事件的意见，是网上舆情的直接体现。

网络论坛

网络论坛是相对稳定的展示各类态度的平台，大多数论坛由相对固定的网民群体组成。论坛虽然内容纷杂，但可以从各个侧面反映出该论坛用户群体的思想动向和意见倾向。

博客空间

由于论坛、新闻留言板管理方加强了对网民意见的管理，以及中文博客免费、可用空间大、赋予网民较高的自主权限，更多的网民倾向于建立自己的博客，通过博客发表个人意见、呼应网上舆论。微博客是最流行的网络社交工具之一，具有访问方便、传播速度快、互动性强等特点，因而具有成为网络舆情主要载体的趋势。

即时通信工具

即时通信工具形成相对固定的群体，表达相近的感情，有关食品安全方面的信息便汇聚成网络舆情。由于 QQ 交流方便、快捷，网上舆情还常常通过 QQ 演变成网下行动。即时通信工具中的舆情比较分散，也不便于整理，容易被忽视，但实际上很重要。

(2)传统信息传播媒介

传统信息传播媒介主要包括报纸、杂志、电视、广播等，是舆情传播的主要渠道，也是舆情信息的主要来源。

(3)社会调查

调查研究是收集舆情信息的一个重要渠道。通过调研可以获得第一手的舆情信息，与其他渠道收集的信息相比，这些信息具有更强的目的性、针对性和有用性。

(4)移动通信终端——手机

手机具有发送短信、彩信等功能，越来越多的用户将手机作为一种思想表达和信息交流的方式；另外随着 3G 技术的开发应用，智能手机具有上网浏览网站、报纸等功能，成为大面积信息传播的重要手段。所以通过对手机传播的信息的整理，也可以搜集到有价值的舆情信息。

[案例] 2012 年 6 月蒙牛冰激凌代加工厂舆情事件

[事件缘起] 2012 年 6 月 18 日，一个名为《我在内蒙(古)的十天 蒙牛冰激凌代加工点实习记录》的帖子被网民广泛转发。

[事件发展] 5 小时后，蒙牛企业官网微博回应：已责成相关部门成立调查组赶往委托加工企业。

6 月 19 日至 20 日，电视、报纸等媒体纷纷报道这一事件。凤凰网、搜狐网、和讯网、中国网等多家网络媒体报道事件发展。

6 月 21 日至 22 日，博客、BBS、即时通信工具等纷纷有相关消息出现，提醒公众蒙牛冰激凌代加工厂舆情事件的最新发展。

6 月 22 日，蒙牛企业通过官方微博、电视、报纸等媒体发布声明：承认生产环境管理方面存在违规现象，向公众道歉，并承诺整改。

6 月 22 日至 27 日，多家媒体对此事件发表评论文章。

[事件启示] 网络环境下，食品安全网络舆情传播的方式、信息获取的方式是多样的。通过追踪网络新闻、BBS、博客、即时通信工具等对事件发展状况的评论，可以获知舆情的最新进展。

4.2.2 食品安全网络舆情信息的分析

搜集到食品安全网络舆情信息后，需要对舆情信息的真实性加以认定。无论是人工还是自动收集到的信息，都存在数量大、种类多、杂乱无序等问题。所以，需要检验信息是否文题一致、格式符合要求，要确定信息是否具有参考价值。对于自动搜集到的信息，还需要通过超链分析、编码识别、URL 去重、描文本处理、垃圾信息过滤、内容去重、关键字抽取、正文抽取等方法完成信息预处理，并进行食品安全网络舆情信息分类。信息分类就是按照具体的工作目的、要求、时间、问题、来源等情况对信息分出类型或层次，分辨信息之间的联系，使零散无序的信息条理化，实现对信息的整合。分类依据可以是：按照信息的正、负面分类；按照网站分类；按照时间分类；按照信息内容分类，如食品安全事件是由卫生状况引起，还是食物中毒或者是食源性疾病等；按照文章影响力分类等。

（1）初步判别

初步判别是指食品安全网络舆情信息工作人员对刚接触到的舆情信息进行最初鉴别、判断和选择，为下一步工作奠定基础。初步判别工作主要包含两个方面的任务：第一，明确所获得的信息是否是食品安全网络舆情信息。舆情信息混杂在繁杂的各类信息中，它与一般信息有着本质的区别，就是舆情信息是人们对食品安全问题的态度，常表现为情绪、看法和意见等。第二，明确舆情信息报送对象。不同对象对舆情信息的具体要求不同，所以只有在明确信息所属部门后，才能做到尽快分析、尽快呈报。由于舆情信息来源主体多元化、舆情内容碎片化等特征，需要仔细分析原始数据。一些重要信息，如对事件的思考和建议，往往不易被发现，需要舆情分析机构和工作人员去认真分析，并以客观的态度从事舆情分析工作，避免将个人的情绪带入工作中，本着实事求是、务实客观的态度完成舆情分析。

（2）分析方法

在初步判别的基础上，可采用基于经验的人工分析、信息挖掘或倾向性分析等方法对食品安全网络舆情作进一步分析。

定量分析方法

在搜集到食品安全网络舆情详细的数据资料后，可以进行定量分析，为预警提供翔实的数据基础。具体的分析方法包括相关性分析、回归分析、层次分析、主成分分析、因子分析。这些分析方法可以明确食品安全网络舆情演化的影响因素、各影响因素对食品安全网络舆情传播的影响度以及影响因素之间的相互作用，有助于食品安全监管部门在舆情出现时能够快速找到原因并提出对应的预警措施。

定性分析方法

定性分析的具体方法包括个案研究法、内容分析法、基于理论的研究方法。通过定性分析，可以逐步梳理食品安全网络舆情的发展态势，积极吸收借鉴各个国际组织、各国政府对食品安全网络舆情事件的预警机制，有助于监管部门对食品安全网络舆情事件的性质或发展阶段等进行进一步判定，为预警措施提供保障。

数据挖掘方法

数据挖掘的方法主要包括关联分析、分类、神经网络、聚类分析。食品安全网络舆情大量分布在各种形式的媒体上，参与主体包括网民、政府、媒体，因此需要在海量的信息中筛选出有效信息为预警提供线索。话题发现就是对基础数据经聚类算法处理后，生成近期食品安全话题的结果。

文本倾向性分析

文本所蕴涵的观点是人物主观意愿的反映，表达人物对外界事物的态度，如赞成、反对等。文本倾向性分析是指利用计算机技术自动分析带有观点信息的句子或文档，分析其语义情感倾向（褒义、贬义或中性）和强度。

（3）食品安全网络舆情的分析关键点

如前文所述，目前食品安全网络舆情预警需要从源头上控制舆情的发展，即应该采取早发现、早预防的策略，要将舆情努力化解在萌芽状态。如果不能及时发现，随着影响的不断扩大，会使决策者的工作趋于被动。反之，如果及时、准确地发现具有倾向性的食品安全话题，将起到有效的预警作用，为决策者争取时间和主动权。因此，食品安全网络舆情的分析关键点有两个方面：

及时发现具有倾向性的食品安全话题

如果要实现及时发现具有倾向性的食品安全话题，就需要对舆情信息进行深入分析。可以从两方面入手：首先，分析人员要了解当前阶段食品安全领域全局性的舆情态势，把握总体，为鉴别出食品安全网络舆情提供有效依据；其次，要在细节中发现倾向性食品安全话题。食品安全网络舆情在话题阶段通常是微小、不易察觉的，蕴藏在事实的细节中，因而需要分析人员特别关注事实的细节，深入分析这些细节，将这些分析结果综合起来，可以更好地发掘其中的内涵及价值。

能够预测发展趋势

准确预测食品安全网络舆情发展趋势，可为下一步工作争取主动。舆情发展趋势预测需要立足于舆情现状，综合考虑原因、背景等多方面的因素，对舆情的发展动向作出判断。

4.2.3　食品安全网络舆情预警等级评定

目前食品安全网络舆情预警等级基本采用网络舆情预警等级，主要是依照舆情的关注度、传播速度、影响范围等因素，将舆情划分为：轻度警情（Ⅳ级，非常态）、中度警情（Ⅲ级，警示级）、重度警情（Ⅱ级，危险级）和特重警情（Ⅰ级，极度危险级）4个等级，并依次采用蓝色、黄色、橙色和红色来加以表示。

也有个别地方政府在网站上披露了食品安全网络舆情预警等级的设定，如浙江省卫生厅网站上发布了绍兴市在食品安全网络舆情方面的预警等级设定。该等级主要是依据舆情内容的严重性和应急性将舆情分为四级[①]，分别是：

Ⅰ级：中央或其他重要媒体曝光本区域的食品安全问题；

Ⅱ级：外地发生的严重食品安全问题危及本区域公众安全或本地媒体披露本区域的食品安全问题；

Ⅲ级：重要媒体披露的外地食品安全问题或质疑普遍性存在的食品安全问题；

Ⅳ级：一般的食品安全问题披露或不会影响本区域公众安全的食品安全问题。

4.2.4 食品安全网络舆情报告写作

食品安全网络舆情报告的撰写可分为阶段报告和专题报告两种。阶段报告以周报、半月报、月报等形式为主，对阶段性热点信息进行总结、分析、评论，对涉及此专题事件的各要素进行分析、统计，为相关部门阶段性科学决策提供依据。专题报告以某时间段内网络媒体上最热门的专题报道、突发事件为报告主线，展开各项评述与分析，并对专题报道情况进行事件追踪。该报告周期以热点事件关注度最高的始末时间为阶段，不定期生成。

4.3 食品安全网络舆情预警机制的运行保障

4.3.1 食品安全网络舆情预警机制的建立原则

食品安全网络舆情预警是一项综合性工作，它既要求有一系列严密的舆情监测体系，也需要一系列的组织、制度等保障措施。食品

① 《绍兴市实行食品安全舆情分类处置机制》，2012年5月9日，见浙江省卫生厅网站 http://www.zjwst.gov.cn/art/2012/5/9/art_32_179996.html。

安全网络舆情预警机制的建构，应遵循快速、全面、准确和创新原则。

（1）快速性

预警机制，顾名思义以预先警告为首要步骤。那么，它所需要遵守的首要原则就是快速原则。只有快速地监测出异常情况，并将它及时地报告给政府有关部门，政府才能及时采取有效措施，对公共事件加以防范和应对，最大限度减少经济损失和人员伤亡。

（2）全面性

预警就是要对社会食品安全领域进行全面监测，及时发现并处置异常情况，尽最大努力保证人民生命、财产的安全。这是建立预警机制的宗旨。全面原则主要体现在预警机制中，包括：监测、汇集、分析、报送、筛选和预警。因此，食品安全网络舆情预警机制是一个由众多因素构成的复杂的系统，各要素之间存在着相互影响、相互依赖的关系。

（3）准确性

准确性要求预警必须尽可能的准确，如果预警不准确，会使舆情预控因为预警依据了错误的信息而走向失败。唯有强调预警的准确性，才能对各种食品安全网络舆情进行及时预告，并制订合理、适当的计划应对突发食品安全事件，从而迅速地抢救人民的生命、财产，将损失减小到最少。

（4）创新性

事物是不断发展变化的，所以预警机制的建立就必须遵循创新原则。因为食品安全网络舆情总是难以预测，而且是不断变化，也是不稳定的，那么，预警机制的建立也就要不断根据形势的变化而创新、发展，以应对各种不同种类和性质的危机。

4.3.2 预警机制的组织体系

组织体系是进行食品安全网络舆情预警的现实基础和组织保证。

（1）建立纵向管理体系

纵向管理体系是由从中央到基层的各级食品安全管理部门构成的工作网点，要调动各级、各部门的主动性，尤其是基层的积极性，使预警工作不留死角。目前在纵向管理体系建设方面，各级政府都设置了食品安全委员会办公室。早在2010年2月6日，国务院为进一步加强食品安全工作，设立了国务院食品安全委员会办公室（简称为国务院食品安全办），其职责主要包括食品安全综合协调、牵头组织食品安全重大事故调查、统一发布重大食品安全信息等。各级地方也相应地设置本级政府食品安全委员会办公室，如2011年9月16日，四川省政府设立了四川省食品安全委员会办公室，具体承担四川省食品安全委员会的日常工作。

（2）建立横向管理体系

横向管理体系是由食品安全委员会办公室、食品药品监管、农业、宣传、文化等各单位构成的工作网点，同时也将与舆情管控相关的部门如公安机关、新闻办公室等纳入到系统中。由于目前食品安全问题的形势比较严峻，食品安全网络舆情的处置工作基本上由各级地方政府统一协调。具体是由食品安全办负责本辖区食品安全网络舆情处置工作的协调和监督；农业、商务、卫生、工商、质监、食品药品监管以及宣传、公安等部门，按监管分工与职能负责舆情监测、判断和处理。

（3）建立开放的管理体系

开放的管理体系是由政府、社会中介组织、专业机构和社会公众等共同构成，政府是预警的主要主体，社会中介组织作为沟通和反映民意的重要组织也可以承担预警主体的相应责任，专业机构可以提供理论或技术支持，而社会公众是最初感知网络舆情的社会主体。例如由国务院食品安全办委托中国经济网食品安全网络舆情研究所做的食品安全网络舆情监测工作，舆情研究所通过手机短信、电子邮件等形式，对当日各大媒体的热点报道进行提要汇编，每天早上直接发送给相关领导、监管部门，为日常监管活动提供信息支撑。

4.3.3　预警机制的制度体系

制度体系是进行食品安全网络舆情预警的文本依据和行动指南，具体是指围绕着信息汇集、分析、预警等级评定等工作内容和方式，建立一整套规章制度和要求。对于食品安全网络舆情预警来说，信息的准确、全面至关重要，但由于食品安全网络舆情的突发性，往往会出现信息匮乏的可能。另外，此类舆情社会影响大，后果严重，会对舆情信息汇集和分析人员带来压力，容易在此过程中出现信息偏差。因而，要依靠制度手段保障食品安全预警机制的正常运转。

我国在制度建设方面也已经有了一定的基础，先后颁布了《国家突发公共事件总体应急预案》和《突发性公共卫生事件应急条例》。《应急预案》中要求各地区、各部门要针对各种可能发生的突发公共事件，完善预测、预警机制，建立预测、预警系统，开展风险分析，做到早发现、早报告、早处置。《应急预案》中明确了应急预案要包括：突发事件的监测与预警制度，突发事件的信息收集、分析、报告、通报制度。

一些大的城市也结合本地实际出台了相应的法规和条例。2004年，北京市发布了《突发公共事件总体应急预案》，其中对预测、预警、信息管理等，都作了较为明确的规定和要求。这些规定和要求，为突发公共事件舆情信息的汇集与处理提供了依据和保障。食品安全网络舆情是突发公共事件中的一类，所以可以参照这些应急预案。

4.4 食品安全网络舆情引导的技术路径

对于食品安全网络舆情的引导，可以遵循两个策略：一个是控制信息源头和抑制信息传播速度，另一个是建立食品安全网络舆情快速响应机制。前者注重舆情信息的“封堵”，后者注重舆情信息的“疏导”。

在舆情信息的“封堵”方面，主要可以通过保证信息安全、采用内容分级技术和信息过滤技术来实现。在舆情信息的“疏导”方面，则需要建立数字化预案库，通过广泛搜集并存储相关预案，做好随时应对的准备。

4.4.1 保证信息安全

信息安全是指信息网络的硬件、软件及其系统中的数据受到保护，不因偶然的或者恶意的原因而遭到破坏、更改、泄露，系统连续、可靠、正常地运行，信息服务不中断。信息安全的实质就是要保护信息系统或信息网络中的信息资源免受各种类型的威胁、干扰和破坏，即保证信息的安全性。通过技术、管理和行政的手段，实现信源、信号、信息3个环节的保护，以达到信息安全的目的。

所有的信息安全技术都是为了达到一定的安全目标，其核心包括保密性、完整性、可用性、可控性和不可否认性5个安全目标。有如下7个原则：第一，保密性（Confidentiality），是指阻止非授权的主体阅读信息。第二，完整性（Integrity），是指防止信息被未经授权者篡改。第三，可用性（Usability），是指授权主体在需要信息时能及时得到服务。第四，可控性（Controlability），是指对信息和信息系统实施安全监控管理，防止非法利用信息和信息系统。第五，不可否认性(Non-repudiation)，是指在网络环境中，进行信息交换的双方不能否认其在交换过程中发送信息或接收信息的行为。第六，信息安全的可审计性(Audiability)，是指信息系统的行为人不能否认自己的信息处理行为。第七，信息安全的可鉴别性(Authenticity)，是指信息的接收者能对信息的发送者的身份进行判定。

具体到食品安全网络舆情引导工作中，就是政府部门要确保不能把未经允许发布的食品安全信息在网络中进行传播。对已传播并产生严重负面影响的传播者要坚持可审计性和可鉴别性原则，及时消除有害信息，维护信息安全。

构建食品安全信息安全防护系统：

(1)完善安全设备设施建设

加大安全保密设施的建设投入，越是先进的计算机信息系统，越要建立起坚实的安全防护墙。

(2)加强涉密信息、介质管理

加强涉密介质的安全管理十分重要。主要措施有：一是分类标记。按信息的性质、密级与重要性进行分类和登记，并在介质内外作上标记，使之一目了然。二是分档管理。在分类标记基础上，按秘级和重要性分别存放于相应的金属保密容器内，使用与备份的介质应分存两地，以保证安全。三是信息加密。秘密信息应当加密，移动介质应按秘件要求保管。四是专用专管。采用专用介质和专用计算机系统的管理办法，使局外人无法随意使用相应的介质和计算机。

(3)加强技术防范建设

当前，主要的技术防范措施有以下几种：一是防病毒技术。计算机病毒的典型任务是潜伏、复制和破坏，防治的基本任务是发现、解剖和杀灭。目前，比较有效的方法是选用网络防病毒系统，并指定专人具体负责，用户端只需做一次系统安装，以后由系统统一进行病毒的自动查杀。二是鉴别或验证技术。在计算机信息系统的安全机制中，鉴别技术主要是为了发现未授权用户非法的与合法用户越权的对信息的存取和访问。此外，近年来国外发展了一种秘密共享技术，即把秘密(加密钥)分成若干份，只有当规定数目的份额齐备时，整个秘密才能还原；少于规定数，秘密就无法还原。这种技术，含有鉴别和防止个人泄密或集体共谋泄密的功能。三是访问控制。访问控制是确保计算机信息系统安全的关键技术，它由访问控制原则和访问机制构成。访问控制原则是一种政策性规定，它确定了每个用户的权力限制条件。四是审计跟踪。审计跟踪是计算机信息系统安全措施中一项重要的安全技术措施。其主要任务是：对用户的访问模式、情况、特定进程以及系统的各项安全保护机制与有效性进行审计检查，发现用户绕过系统的安全保护机制的企图，发现越权操作的行为，制止非法入侵并给予警告，记录入侵的全过程。

4.4.2 采用内容分级技术

内容分级技术是将网上内容根据某种标准划分为若干级别，通过设置访问限制，过滤某些信息，实现对网络信息内容的有控制的存取。基于该技术形成的网络内容分级系统，可针对不同的用户、不同的要求对网络内容进行屏蔽。相关监管部门可以依据信息内容的主题设置不同级别。该方式不会阻断网络信息内容，而是控制适合使用者观看的内容层级。目前网络内容分级系统所采用的分级方法因系统不同而异，但采用较多的技术标准是 World Wide Web Consortium(W3C) 于 1995 年提出的“互联网内容选择平台”(Plat Form for Internet Content Selection，PICS)，让网络管理者将其网站内容自动标签化，通过分类进行自我分级。自我分级的结果写入该网站的代码中，并将分级的标识予以明确说明。PICS 可在各种不同层次的网络产品上使用，包括网络浏览器、防火墙、大型服务器等。网络内容分级系统同电影电视内容分级制度的解决方案是类似的，不同的是，前者是根据网络经营者自行提供的不同标准，无统一以及强制性要求，所以不同国家的软件研发者采用的分级标准不一。目前，PICS 也向为网民筛选最合适网站内容的积极方向发展。PICS 系统结构包括：分级系统，制定简单易懂的分级词汇及多种面向、多种等级的分级标准；分级服务，根据制定的标准对网站分级，分级方式有自我分级和由专业人员分级两种。可以对 PICS 进行研究，结合食品安全网络舆情开发相关系统并推行网络分级制度。

食品安全网络舆情监管部门可以借助于网站的内容标签，即由政府的互联网登记部门审定的、描述网站具体内容的技术分类，政府可以命令浏览器的分发者在他们的软件中置入一种过滤系统。这种过滤系统可以分辨某个网站或网页的内容类别，从而可以实现对某些被政府所禁止内容的堵塞、屏蔽。由于并非所有的国家都对互联网上的内容实施了内容分类，在这种理论上的互联网环境中，某个对网络内容没有分类的网站管理员仍然有可能将其网站的内容上载到国外的服务器上，而用户可以继续从没有实施内容分类的国家浏览网站的内容。当然，在建立了内容分类制度的国家，政府可以对某些特定网站的内容进行成功的屏蔽。此外，政府不仅可以命令浏览器的分发者对他们的浏览器进行一定的技术处理，还可以责令其境内的互联网服务提供商和其他的服务器管理者采用一定的技术手段，对不合格的内容进行控制。这样，政府便可以在本国网络系统的瓶颈处实现对内容的相对有效的控制。

4.4.3 采用信息过滤技术

目前，中国对网络舆论的技术管理已经发展到了一个比较成熟的阶段，主要有以下几种技术手段：

（1）路由过滤技术

路由过滤技术是通过在网络出口路由器上加上路由过滤功能，来达到 IP 地址阻断作用，所有访问具有敏感信息的 IP 地址的数据包都会被路由器过滤掉，可以减缓食品安全网络舆情信息的传播速度。由于每一个网站都有一个对应的 IP 地址，过滤 IP 地址的数据包，就意味着无法正常访问这个网站。一般来说，系统会有两个 IP 地址过滤列表：一个是固定的列表，表示常年阻断；还有一个是动态变化的，就是被阻的 IP 地址可能在这个列表中保留若干时间，然后再解阻。

（2）网关过滤技术

网关过滤技术是用专门的软件在服务器上形成一个过滤网关，它维持着一个词库或一些编码特征，这些词和特征都被认为应该是过滤掉的。所有通过这个网关的内容都会与词库的词作比较，一旦发现满足过滤的条件，就进行过滤，从而使无害信息顺利通过网关。这种方法的特点是比较灵活，不会产生像在路由器上过滤中一刀切的情况。

（3）域名控制技术

域名过滤技术

域名过滤这项功能常见于路由器中，为了方便对局域网中的计算机所能访问的网站进行控制，可以使用域名过滤功能来指定不能访问哪些网站。这种方式相对路由过滤来说比较灵活，但是没有 IP 地址过滤严格。

灵活之处在于如果规则规定过滤与 baidu.com 相关的网站，那么只要是跟 baidu 有关的网站都无法登陆，不管是 www.baidu.com 还是 zhidao.baidu.com 都无法访问。不严格的地方在于如果知道该域名的真实 IP 地址，则可以直接用此 IP 地址代替域名后进行访问。例如访问 http://www.baidu.com，可以把访问地址修改为 http://119.75.217.56，就可以访问百度网站。

域名劫持技术

域名劫持技术就是当人们访问某一网站时，不同级别的域名解析服务器会一级级查询到海外的 13 个根级别的服务器，正常的就放行，在敏感范围内的网站就返回一个假的 IP 地址。由于假的 IP 地址返回速度在一般情况下比真实的快，那么浏览器等网络工具就会先识别假的 IP 地址，从而无法访问真实的网站。

该方法有两个缺点：一个是同域名过滤技术中的不足一样，即知道网站的 IP 地址后，即可绕开域名劫持；另一个是该方法不是很稳定，在某些网络速度快的地方，真实的 IP 地址返回时间比劫持软件提供的假地址要快，因为监测和返回这么巨大的数据流量也是要花费一定时间的。

（4）内容过滤技术

内容过滤技术就是通常所指的敏感词过滤。大多数网站、论坛、BBS、即时聊天工具，都采用了敏感词过滤技术。敏感词过滤技术的运用，使任何涉及敏感词汇的言论都不能在网上发表。

（5）防火墙技术

防火墙技术就是指在内部网络和外部网络之间设置屏障，通过安全访问控制技术阻止外部入侵者进入内部网，并让满足权限的用户从内部网访问外部网和互联网。利用防火墙技术可以有效过滤掉一些信息，对信息的快速传播能够起到有效的抑制作用，同时对防御网络病毒也是非常有效的。防火墙技术会对进入系统的文件进行检测，发现病毒会提示用户并进行杀毒。目前常用的防火墙技术有以下几种：一是包过滤防火墙，该类防火墙只满足于让过滤表中规定的数据通过；二是代理防火墙，这种防火墙主要控制哪些用户能访问哪些信息源，使内部网络与外部网络不存在直接的联系；三是双玄主机防火墙，该种防火墙使内部网络和外部网络的用户可通过双玄主机上的共享数据去传递数据，确保内部网络不受非授权用户的攻击。

（6）数字认证技术

由于网络舆论的虚拟特性，网民都以虚拟的身份参与网络舆论的发布。网民可以用任何一种身份出现在网络空间里，网民在网络社会中的身份可以是虚拟的。因此，出于网络信息安全的考虑，网民在进行舆论信息发布的时候，监管部门需要对其真实身份进行认证。数字认证技术就是在网络社会建立身份认证系统的可行性方案。数字认证系统主要包括数字签名、数字信封、数字密钥、数字时间信戳、数字证书等技术。

（7）其他网络控制技术

其他的网络控制技术包括网络监控软件技术，以及一些利用网络协议特征对不良网站进行阻断的网络控制技术。从 2003 年起，我国就开始在全国范围内建设网吧技术监控系统，进一步进行网吧监控软件开发。到 2003 年 10 月，四川和广西的网吧监控系统建设已基本完成。“该软件必须实现的功能包括支持上网记录的保存，一旦发现问题将可以查到相关全部记录。同时，许多网吧用户关心的实时查屏功能也在必须支持之列——有关部门可随时看到当前用户的窗口显示信息。具体的监督者为当地的文化部门。”除此之外，一些利用网络协议特征对网站进行阻断的网络控制技术包括：MAC 地址欺骗技术、TCP 阻断技术等等。

4.4.4 建立数字化预案库

国内的一些研究机构和学者对数字化预案提出的定义是，将各种数字技术[如地理信息系统(GIS)、定位技术(GPS)等]应用于预案的执行过程中。翟丹妮①的论文中提出，数字化预案就是利用计算机技术和网络技术，根据突发事件的处置流程，在事态发展即时信息的基础上，形成全面、具体、针对性强的直观高效的应急预案，使预案的制定和执行达到规范化、可视化的水平。

由于食品安全网络舆情具有复杂性、紧迫性、不确定性、不可预测性及潜在的高危害性等特征，所以需要借助先进的科学技术快速制定高效的应急预案，提高舆情引导水平。

现有的应急预案是应急专家智慧的结晶，大量应急专业知识的显性化表示，用于指导应对各种类型的突发事件。但是这些预案大多以文本形式存在，其信息形式化程度低、操作性不高；同时，食品安全网络舆情引导涉及多组织、多部门联合作业，相关知识存储分散，信息交互性差，难以适应快速响应和有效引导的处置需求。因此，需要利用已有知识建立数字化应急预案库，为快速响应和有效引导提供技术支撑。

4.4.5 增进技术交流合作

食品安全网络舆情处置的实践表明，在应急处置中，相关各方就事件信息的交流十分必要。技术专家之间的交流，有助于共同查找食品安全隐患，并在舆情信息监测、策略分析等方面实现信息共享。技术专家可将科学建议提交管理者，管理者根据专家建议，并在部门间充分协商的基础上，权衡选择科学、合理的应对措施。

---

① 翟丹妮:《应急平台中数字化预策系统建设的研究》,《中国公共安全(学术版)》2008年第1期,第34—38页。

4.5 食品安全网络舆情引导的政策路径

食品安全网络舆情重在引导和调控。食品安全网络舆情如要缓解、消除其负面影响，除了硬性的“调控”、强制的“转化”，还需要软性的“引导”，调控、转化与引导并重，才能充分发挥网络舆情的正面社会影响；也只有抑制其负面社会影响，食品安全得到保障，才能符合最大多数社会公众的利益。

食品安全网络舆情引导需要多个相关部门的共同努力，公共部门需要把准确的食品安全信息或常识传播给公民，公正、透明地传递食品安全事件的真实情况，不能将事件夸张虚假化。另一方面，食品安全网络舆情的传播目的是告知公众食品安全存在的问题以及监督有关部门及时采取措施加以解决，不是仅仅为了指责有关单位的道德沦丧和腐败。而引导食品安全网络舆情的目的是让大家了解更多的与食品相关的信息和注意事项，监督问题部门，消除错误看法、消极看法，使健康、理性、务实的言论成为网络舆情的主流，促进社会和谐，改善不足。

4.5.1 相关媒体要注重对食品安全事件的网络报道

（1）注重对事件本身的报道

食品安全问题事关公众切身利益，公众最想知道的是食品存在哪些问题以及如何解决，各大门户网站都比较注重这方面的报道，包括事件的起因、来龙去脉、造成的后果和影响等。值得一提的是，网站的这些报道克服了以前对危机事件的一些不良报道倾向，即对事件本身的报道较少，对领导的部署、反应报道过多，把负面新闻正面化报道。相反，在系列食品安全的报道中，网络媒体把矛头指向了政府监管部门，揭露出监管的漏洞和缺陷。网络媒体注重对事件本身的报道是一种新闻本位的回归，抓住事件的核心情节和中心事件进行报道是受众本位的表现。

(2)注重以点带面的延展性报道

除了对食品安全事件的个别报道外，网络媒体还注重以点带面的延展性报道。上海浦东的“染色馒头”被曝光后，全国立即掀起了查处“染色馒头”的治理行动。腾讯网以《全国清查染色馒头》为题作了专题报道，曝光新疆、海南、浙江温州等地发现“染色馒头”，并指出部分“染色馒头”流向了高校。在对双汇“瘦肉精”事件的报道上，各网站也延展到“瘦肉精”的生产链，爆出南京等多地牵涉“瘦肉精”的厂家，引发整个行业震动。新浪网还对“瘦肉精”的“前世今生”进行了全方位的解读，又引发了科研人员应遵守伦理道德的讨论。这种以点带面的延展性报道把个别的食品安全事件推向深入，引发人们的反思。

(3)注重报道深度，加重评论分量

近年的食品安全事件频出引发民众的思考：是什么原因导致系列事件的发生？网络媒体在对事件的解读中也非常注重对原因的探讨。每个门户网站的专题报道中都有评论专栏。例如“染色馒头”事件上，网易转载了《广州日报》、中青在线、《武汉晚报》、《新华日报》的评论，腾讯网则转载了新华网、《人民日报》、《京华时报》的评论。这些评论有的分析了问题产生的原因，有的指出后果，有的建言献策，在深度上做文章，引发网民和政府的思考。

[案例] 2010 年 4 月甘肃首阳镇小学生集体中毒事件

[事件梗概] 2010 年 4 月，甘肃首阳镇 68 名小学生突然集体食物中毒，专家排查后诊断为群体性心因反应，但学生称当天闻到很浓的农药味。事件经《兰州晚报》报道后，立即被新浪网、中新网、凤凰网等多家媒体转载。同时引来网民驳斥，质疑相关部门的结论。

随后，媒体继续报道事件的后续发展,《春城晚报》、《晶报》、《北京科技报》、《工人日报》、人民网、华声论坛、中新网、新华网、长城论坛等各种媒体发文、发评论，继续关注事态发展。

[事件启示] 在网络环境下，食品安全事件的网络报道对舆情的发展具有推动作用。

4.5.2 加强对新型网络交互空间的引导

(1)即时性交互空间舆情引导

即时性交互空间是由 OICQ、MSN、ICQ、网络聊天室以及最新出现的微博客等即时通信软件广泛运用而生成的一种信息交互空间，在这一空间中，网络受众可以实现即时的一对一、一对多或者多对多的信息交流和情感沟通，其在食品安全网络舆情引导上具有显著作用。

首先，即时通信软件的许多功能都可以为引导网络舆情服务，为开展网络思想政治教育工作服务。在用户自由开放交流的过程中，教育者可以通过即时传递的功能对社会热点问题进行提问或发布关于党的路线、方针、政策的主流信息，网络受众会在自由的交流中反馈对这些问题的意见和态度。对有错误倾向或思想偏差的回答，教育者可以进行屏蔽，而后进行单独交流和思想沟通，起到引导的作用。网络受众也可以根据自身需要，选择单独与教育者进行沟通和交流。“悄悄话”的形式既保护了网络受众的隐私，也为网络舆情的正向发展提供了保证。

另外，手机网络平台是有线载体（互联网）和无线终端（手机）的有机结合，网络受众群体可以通过手机这种便携式的网络终端随时登陆网页，发布自己的所见所闻、所思所想；而且，这种信息的传递不止限于文字，还可以通过微博客或微视频等平台发布图片、上传视频。利用手机平台进行舆情引导，可以从中国手机网民关注时事的特点入手，打造一个小型的时政新闻平台或论坛，充分利用手机传播信息的特点，及时有效地对突发事件进行报道，利用“公民报道者”的力量，对舆情走向进行把握，赶在传统媒体报道或政府发布新闻之前，有效地控制信息的走向。利用手机网络平台发布信息，还能突破互联网的某些信息屏障，在第一时间发布大量信息，对网民的感召力和煽动性极强，是最新出现的具有巨大杀伤力的网络舆情载体。

对即时性交互空间进行网络舆情引导，除了要求思想政治教育工作者具备熟练操作即时通信软件的技能和精练的谈话技巧，还需要思想政治教育工作者时刻牢记教育的目的和方向，以便取得应有的教育效果。在即时性交互空间交流，克服了传统思想政治教育面对面时的尴尬和顾忌。教育者可以在与网络受众聊天、谈心、讨论的和谐氛围中抓住时机，潜移默化地对网络受众施加教育，展开引导，转变其内在思想、态度，为网络舆情的发展奠定良好的思想基础。

（2）延时性交互空间舆情引导

相比较即时性交互空间而言，延时性交互空间是由于网络论坛、电子邮件、网络新闻等网络媒体途径相互作用而产生的一种虚拟交互空间，没有即时性交互空间的瞬间互动，但可以稳定地表现出网络受众的思想走向和态度趋势。对延时性交互空间的舆情引导，可以从以下几个方面入手：

网络论坛舆情引导

网络论坛 BBS 是一个由多人参与讨论的空间系统，集合了浏览文章、发布信息、讨论话题等多种功能。用户在 BBS 中的言论具有相当的自由度，BBS 成为网络受众自由发表言论、自由发泄情绪的地方，也成为主流思想和正面舆论备受非议的地方，因此，网络论坛成为网络舆情产生的源头和网络舆情引导方法运用的主阵地。

首先，由于在网络论坛中的焦点话题和煽动性的言论极容易点燃舆情爆发的导火索，教育者一定要及时掌握舆情信息，学会预测和判断舆情情势的发展，有预见性地做好引导工作，为分析言论产生的本质原因和实施下一步的对策争取时间，防止食品安全网络舆情在网络论坛中进一步扩大。其次，由于生活方式、思维方式、受教育程度、利益追求和价值取向等个人因素的不同，网络受众在网络论坛中发布的帖子也千差万别，会形成各式各样的食品安全网络舆情。面对这一现象，教育者必须有针对性地进行引导，对涉及人们切身利益、网络受众密切关注和讨论的舆情话题进行及时引导，防止"热点"话题愈演愈烈，成为"难点"话题。教育者在对网络论坛的引导过程中要将自己定位在与网络受众平等的位置上，互相讨论，帮助网络受众正确认识客观问题，在自由、轻松的过程中实现潜移默化的引导效果。

网络自助工具舆情引导

所谓网络自助工具，是指以网络博客为代表的、能够使网络受众可以自由表达和深度交流的网络平台。网络自助工具的出现，为网络受众打造了一个可以自由表达和倾听的空间，赋予网络受众前所未有的权力去影响社会发展，其自由性吸引了越来越多的受众开始运用网络自助工具与其他人进行思想的交流。

首先，只有保证基于网络自助工具发布的言论是正确的事实与合理的分析判断，这样形成的舆情才能产生并发挥良好的引导作用，因此，必须加强对网络受众自律意识的培养，使他们加强对自身的管理，在发表言论时注意尺度和方法。

其次，要充分重视"博客圈"和"品牌博客"的影响。"博客圈"是有着相同兴趣或者想法的博客的集合，"博客圈"内部的舆情发展直接关系到整个博客舆情的发展，所以，要特别注意管理“博客圈”，培养“博客圈”的管理人员，预防有关食品安全的不良信息和偏激言论出现。“博客圈”可以使教育者更好地控制和管理博客空间，舆情引导的力度可以在一个博客圈子中获得最大化的体现。同时，打造“品牌博客”，保证舆情信息的真实、理性，可以强化利用博客等网络自助工具进行舆情引导的公信力度和导向力度。

最后，重视对话题议程的设置。如同网络论坛中的版主一样，博客网站的管理人员就成为话题议程设置的把关人，要有意识地将现实生活中人们关注的热点问题和突发的社会事件设置为博客议题，成为博客议论的焦点，在逐渐形成博客舆情的过程中，将讨论引向既定的方向，让使用博客或其他网络自助工具的网络受众接受舆情引导。

电子邮件舆情引导

电子邮件具有传递迅速、功能强大、使用方便、畅通无阻、价格便宜、安全可靠等特点，为电子邮件拥有庞大的覆盖面和众多的用户起到了保证作用，正因如此，电子邮件也能够成为食品安全网络舆情引导方法运用的理想渠道。电子邮件的使用，是教育、引导的平等性和民主性的最好体现。借助电子邮件进行食品安全网络舆情引导时，由于没有面对面的交流沟通，网络受众可以畅所欲言，直接表达自己的情绪、态度、观点。这样有助于教育者全面了解网络受众的实际思想情况，认清食品安全网络舆情产生的本质原因，在采取舆情引导方法时更合理、有效。同时，电子邮件的使用还可以使教育者和网络实现一对一的交流。与即时通信软件的交流即时性不同，通过电子邮件沟通虽然没有了时间和空间的限制，但是并不需要即时完成。这样给教育者分析问题和选择引导方法提供了充足的时间，能够制定更加完备的引导方案，使舆情发展完全掌握在教育者的手中。在利用电子邮件进行舆情信息传播时，还可以根据网络受众个体的不同，发送和投递适宜网络受众个体的信息，有针对性地对网络受众进行引导，提高教育、引导的效果。

网络新闻舆情引导

目前，我国网络新闻一直保持稳定发展的态势，其信息传播的速度、数量、深度等方面都远远高于传统媒体。可以说，互联网已经成为人们关注新闻事件、取得舆情信息最便捷的工具之一。借助网络媒体的快速发展，强化网络新闻在舆情信息传播上的速度、方向、深度，是网络舆情引导方法运用的重中之重。利用网络新闻开展舆情引导，必须坚持正面引导的方法，对具有敌对性质、消极影响的舆情信息予以坚决的反对和抵制，强化正面信息的传播，使网络受众在进行新闻浏览时，潜移默化地接受符合人类社会发展规律的思想和马克思主义理论，并运用它们指导自身的思想和行动，保证网络舆情朝着积极、健康的方向发展。同时，利用网络新闻对网络受众进行正面引导的同时，必须保证信息的来源合理、有效，不能使用虚假的信息达到引导的目的。

4.5.3 建立食品安全网络舆情监管体系和联动应急机制

政府对互联网的监管正处在不断摸索与完善的阶段，建立食品安全网络舆情一体化监管体系和多部门联动应急机制非常必要。目前在政府职能划分上，宣传、公安、通信管理、文化、教育、工商、新闻出版等十多个部门都有各自的管理职责，造成部门过多、管理重叠、职责不清、效率低下。食品安全网络舆情监管是一个全新的工作领域，也是一个复杂的系统工程，因此有必要从组织管理上成立一个专门机构，协调多个职能部门共同配合，做好食品安全网络舆情全面的、多方位的监管工作。同时，食品安全方面也需要建立一个专门的网络舆情监管体系，加大网络各社区舆情的监管和查处力度，跟踪相关事件的舆情发展，适时介入舆情事件，稳定社会秩序，对破坏分子形成警示、震慑作用。

建立食品安全网络舆情联动应急机制，包括监测、预警、报告、核查、处理5个环节。每个环节的重点内容和要求各有侧重。在监测环节，相关人员和系统负责对食品安全网络舆情的内容、走向、价值观等方面进行密切关注，将最新情况及时反映到有关部门；在预警环节，食品安全及卫生专业人员对舆情内容进行判断和归纳，去除夸大信息且会对社会稳定造成负面影响的舆情，分析哪些容易引发激烈的社会矛盾、哪些是全社会普遍关注的等，对正在形成、有可能产生更大范围影响的舆论进行筛选，为接下来可能发生的网络舆情走向做好各种应对准备；在报告环节，对已经发生的重大网络舆情事件应及时向上级部门报告；在核查环节，相关部门应全力查清事件的来龙去脉；在处理环节，当网络舆情变为现实的网络舆论危机事件后，有关政府部门依照法律法规采取措施，全力化解危机、消除不良影响。这5个环节有机组合，环环相扣，从整体上构成了食品安全网络舆情联动应急机制。

4.5.4　增加信息透明度，减少食品安全网络舆情炒作

当食品安全事件发生时，政府应增加信息透明度，第一时间公布情况、发布信息，当好公众及媒体了解信息的渠道。借助网络平台，政府发布的信息在网络上会迅速地流传开来，从而尊重公众的食品安全信息知情权。

信息的公开透明和权威发布，能够减少公众心中的不确定性，减少流言的蔓延，稳定人心。如果政府对信息欺上瞒下，不但不能够稳定人心，同时会影响政府及媒体的社会形象及公信力，对政府

日后的工作及媒体的发展都极为不利，从长远发展来看，会使政府的公信力受到破坏。

另一方面，媒体从政府得到真实、准确的信息，政府就成了媒体的一个稳定且有分量的信息源。有事件发生后，媒体会向政府求证，报道出最新情况，并会根据政府提供的信息，去采访相关的当事人，详细补充事件发展进程中的种种状况，还会引进一些社会主流的专家学者的意见，引导公众的注意力。政府一旦建立了畅通的信息渠道，实现信息的公开透明，让公众及时了解事件真相，公众自然就对随之而来的事件进展有了一定的承受力，对虚假信息也有了一定的免疫力，能够遏制谣言的传播。以往发生的食品安全事件，大多数都是由媒体充当了开路先锋，率先将事件揭发出来。政府在这方面的表现相当滞后，多是在媒体报道出来、众人皆知时才采取行动，因而在公众心中的地位有所下降。政府只有扩大信息公开路径，增加信息透明度，在有食品安全事件发生时能够最先公布事件真实情况，方可以逐渐确立自身地位及形象。

[案例] 2012年6月"依云"矿泉水事件

[事件梗概] 国家质检总局公布不合格进口食品信息，"依云"矿泉水上了"黑榜"。

[事件追踪] 2009年的国内新闻中曾有"依云"矿泉水亚硝酸盐超标的报道，当时并未引起人们的关注。

2011年2月至3月间，不断有新闻爆出亚硝酸盐超标的"依云"矿泉水继续在商场售卖。

2012年6月，"依云"矿泉水再次被曝亚硝酸盐超标，中国新闻网、人民网、新华网、金融网、和讯网等纷纷报道相关信息，成为微博、论坛的热议话题。

2012年7月，时隔一个月，相关部门仍未查出亚硝酸盐超标原因，同时在多地商场，“依云”矿泉水仍在销售中，引起网民质疑与指责。

[事件启示] 食品安全事件在发展过程中，政府及相关监管部门的信息反馈和相应行为是减少舆情炒作的有效途径。舆情信息的不对称、监测结果的发布不及时都会影响政府公信力，当下次类似事件发生时，公众更多地会从其他途径获取信息，从而质疑政府发布信息的真实性。

4.5.5 提高网络从业人员的科学素养

除了责任意识和职业道德修养外，网络媒体从业人员自身的专业素质也非常重要，提高了自身的科学素养，增强分辨、处理信息的能力，才能更好地报道事件，提升报道的专业水平。食品安全知识具有一定专业性，非专业人士只能凭借过往经验或他人传授了解到一点皮毛，了解得不够透彻，在报道新闻时也就容易犯错。

网络媒体从业者的专业是各种各样的，或是新闻，或是其他如法律等等专业，出身食品安全专业或是医学类的相对来说较少。在这样的情况下，监督食品安全时，就有可能因对专业知识了解得不够，而闹出些错误的新闻，从而给公众带来恐慌及损失。媒体从业人员科学素养缺乏的常见表现就是，在报道食品安全事件时将质与量的界限弄混淆，认为食品含有某种化学物质或有毒物质就等同于有毒。例如，2006 年由于英国食品标准局(FSA)的一项检测结果，网络上开始流传这样的报道，即“芬达”汽水、“美年达”橙汁等众多流行软饮料，都含有防腐剂和抗氧化剂，可能产生相互作用，生成苯，构成致癌危险。这让当时的“芬达”、“美年达”等汽水的销量受到影响。但在后来的检测中才发现，英国目前检测到含苯的饮料样品中，检测到的苯含量低于安全饮用水对苯的限量，并不会威胁到公众健康。这就是媒体从业人员缺乏科学素养，在报道时忽略了量的限定而带来的失误。

要完善食品安全网络舆情引导，媒体从业人员的科学素养就必须有所提高，并拓宽视野，报道时收集大量资料并深入研究、核实，提高食品安全网络舆情发布人员的专业素质。同时，可以借助“外脑”，也可以去请教资讯方面的专家学者，保证新闻的真实性。处理信息时，应注意新闻的报道方式，结合文字、图片、视频等多种方式，细致、准确地将食品安全事件真相提供给受众。

4.5.6 公众及网民信息素养和社会责任感的提升

公众及网民是新闻报道的最终传播对象，传播的效果在他们身上体现，而传播效果也和公众及网民的素质有关。如果他们对新闻报道的内容不了解，那么就只能被动地接受新闻报道内容，无法有效辨别真假，因此公众及网民应普及食品安全知识，增强自身对信息的甄别能力，同时也要有社会责任感，在上传或发表评论观点时要提供真实的信息和理性的看法。

（1）提高信息素养

在食品安全信息网络传播的过程中，公众及网民参与并渗透到了其中的各个环节。他们是草根阶层的一员，可以上传信息，发表言论，编辑、转载新闻报道，他们也是传播的最终到达对象。当食品安全事件报道出来后，公众若是自乱阵脚，无法对新闻报道作出正确、有效的分析，过度地相信新闻内容，依赖新闻报道，虚假信息就可能趁虚而入，在公众之间传播，误导公众。为避免这种情况，公众应在日常生活中，多多关注食品安全知识，提高自身的专业素养。每当有食品安全事件发生之后，媒体在报道时都会详细介绍食品中所存在的问题，并咨询专家，对食品的特性、组成成分以及可能产生的危害都加以解释，这是普及食品安全知识的好机会。

此外，在面对复杂繁多的信息时，公众要自觉学习，努力提高自身的信息素养，能够判断什么时候需要信息，并且懂得如何去获取信息、如何去评价和有效利用所需的信息，要有提炼、甄别信息的能力，要学会有效地在网络上获取以及处理信息。

（2）增强责任感

除了对网络媒体从业者要加强道德教育外，对于网民等也要进行网络道德教育，培养其责任心，引导其对其他公众及社会负责。公众及网民数量众多，在对待食品安全事件的态度上能够引导着社会的舆论走向，对现实产生影响。正如温家宝总理在十届全国人大四次会议中外记者招待会上所说的："按照我国《宪法》规定的原则，每一个公民都有利用互联网的权利和自由，但同时要自觉地遵守法律和秩序，维护国家、社会和集体的利益。"互联网给了草根民众阶层发表言论的机会，给了网民自由讨论的机会，然而自由和义务也是相对的，在充分享受自由的同时，公众也要对社会负责任，不盲目信任任何信息，不发布不真实、不确切的消息，同时自觉履行社会职责，在互联网上提供真实、有用的信息。网络舆论监督是对食品安全事件监督的一个重要手段，它有着其他监督所没有的优势，也有着种种缺陷。公众在面对网络上的新闻报道时，应客观分析信息正确与否，防止以偏概全。

为提高自身的网络道德素养，公众应自觉学习与网络相关的法律法规，严格约束自己，在互联网上理性地对待新闻报道，再采取行动。同时，对于那些虚假的新闻报道，网民也要以为社会负责任的态度，不去盲目相信，且自觉抵制虚假信息。有关食品安全的知识，网络上有着很多截然相反的观点，公众应尽可能相信一些可信度较高的网站，在没有确切结果之前，保持警惕的态度。网民在发表言论、发布信息时，也要严格自律，不发布虚假信息，而是提供真实、有效的信息。公众和网民的责任感及道德素养的提高，将为食品安全事件提供切实的网络舆情保障。

第五章

2011年食品安全网络舆情的考察报告

食品安全网络舆情对反映民众改善食品安全的呼声、传播食品安全的科学知识、加强与食品安全监管部门的及时互动发挥了重要作用，日益成为公众表达对食品安全风险关切与呼声的新平台、参与食品安全监管的重要力量。与一般舆情相比，食品安全问题因为与民生生活更贴近，致使食品安全网络舆情传播的时效性更强，传播手段更新，传播周期更短，单位时间内传播的信息量更大，对社会影响的覆盖面更广。本章重点研究2011年中国食品安全网络舆情的主要热点与相关问题。

5.1《考察报告》的相关说明

近年来我国的食品安全问题相对突出，从牛奶、面条，再到鸡蛋、大米等，涵盖面不断扩大，不仅给某些食品产业造成了巨大的伤害，而且给公众带来了一定的恐慌，人们发出了“到底还能吃什么"的巨大呐喊[①]。食品安全备受公众关注，并通过网络媒体形成了巨大的食品安全网络舆情。《考察报告》主要是综合相关资料，针对2011年我国发生的食品安全网络舆情话题进行分析。

5.1.1 数据的主要来源

《考察报告》对食品安全网络舆情进行统计分析的数据主要来源于天涯社区、凯迪社区、强国论坛、中华论坛、新浪微博等5家论坛和微博，统计的重点内容为食品安全网络舆情热度，统计的帖子包括了主帖、转帖和跟帖，而对食品安全网络舆情事件本身的挖掘与分析则综合运用了各种媒体报道和网络资源。

5.1.2 数据的统计时间

《考察报告》对食品安全网络舆情数据的统计时间为2011年12月1日至12月31日期间，由相关研究人员对2011年全年发生的各种重要的食品安全网络舆情事件进行统计。

5.1.3 研究的主要范围

需要说明的是，如无特殊说明，《考察报告》研究的主要范围仅局限于发生在中国大陆的食品安全热点网络舆情事件，并不包含中国的台湾省和香港、澳门特别行政区。

5.2 2011年发生的食品安全主要热点网络舆情事件

理清食品安全主要热点网络舆情事件的性质是展开研究的基

① 《2011中国食品安全报告》，2012年5月31日，见http://bbs.news.163.com/bbs/jueqi/240278952.html。

础。《考察报告》综合相关网络资料研究给出了 2011 年发生的 52 个食品安全主要热点网络舆情事件，同时依据有关研究资料也分别给出了 2009 年、2010 年发生的食品安全主要热点网络舆情事件。本章主要研究 2011 年发生的食品安全主要热点网络舆情事件的性质。

5.2.1　食品安全主要热点网络舆情事件的范围

2011 年发生的 52 个食品安全主要热点网络舆情事件（表 5—1），主要来源于《盘点 2011 年食品安全事件》等相关网络资料[①]。需要指出的是，由于我国大陆公众对在中国台湾省发生的塑化剂事件表示出极大的关注，并形成了巨大的网络舆情，因此在 2011 年发生的 52 个食品安全主要热点网络舆情事件中，也包含了在中国台湾省发生的塑化剂事件。表 5—2 列出的 2009 年、2010 年发生的食品安全主要热点网络舆情事件，则主要来源于上海交通大学谢耘耕主编的《中国社会舆情与危机管理报告（2011）》[②]。

5.2.2　2009—2011 年间食品安全主要热点网络舆情事件的比较

比较表 5—1 和表 5—2，不难发现，2009 年食品安全主要热点网络舆情事件主要集中在饮品和乳品行业，这与 2008 年发生的三聚氰胺事件密切相关。2010 年食品安全主要热点网络舆情的热度、议题的广度和深度，在 2009 年的基础上均进一步加深和延展。而 2011 年的食品安全主要热点网络舆情无论是事件的数量，还是舆情的议题范围与议题的深度上则出现了井喷式发展的态势，牛奶、豆

① 《盘点 2011 年食品安全事件》，2012 年 1 月 10 日，见 http://www.boyar.cn/article/2012/01/10/414786.2.shtml。

② 谢耘耕：《中国社会舆情与危机管理报告（2011）》，社会科学文献出版社 2011 年版。

浆、蔬菜、食用油、馒头、包子、粉条、西瓜、茶叶等等，都成为2011年食品安全网络舆情的议题，反映了网民对中国食品安全问题的负面情绪。这些舆情问题不但反映了公众对食品安全的不信任度逐渐升级，更暴露了公众对食品安全危害的恐慌。

表5—1 2011年发生的食品安全主要热点网络舆情事件

编　号	事　件	事件起源
1	肯德基的“黄金蟹斗”含臭鱼肉	味道怪
2	双汇“瘦肉精”事件	“瘦肉精”
3	河南南阳“毒韭菜”	残余农药磷严重超标
4	重庆一公司购26吨含三聚氰胺的奶粉生产雪糕被查获	三聚氰胺
5	甘肃平凉牛奶致亚硝酸盐中毒	亚硝酸盐
6	“水银刀鱼”事件	水银
7	上海“染色馒头”事件	防腐剂、甜蜜素
8	多地曝用“牛肉膏”让猪肉变“牛肉”，多吃致癌	添加剂超量
9	黑芝麻浸泡后变成墨汁，疑染色	含未知添加剂
10	山东青岛用福尔马林浸泡小银鱼	福尔马林
11	湖北宜昌“毒生姜”事件	硫磺
12	辽宁沈阳“毒豆芽”事件	含多种非法添加剂
13	塑化剂事件	塑化剂
14	回炉面包重新卖	过期面包回炉后再售
15	北京部分影院爆米花桶被曝含致癌荧光增白剂	荧光增白剂
16	蒙牛“学生奶”中毒	未知
17	“墨汁粉条”	含各种添加物
18	广东广州市场现“染色紫菜”浸泡多次仍掉色	染色素
19	喝“珍珠奶茶”吃“珍珠”等于吃塑料	多种添加剂的混合产物
20	死猪泡农药腌腊肉	毒农药
21	重庆“毒花椒”	罗丹明B
22	重庆查处5个制销潲水油窝点	潲水油
23	“爆炸西瓜”	干旱及其他因素

续表

编　号	事　件	事件起源
24	暗访市场带淋巴血脖肉	血脖肉
25	“雨润”烤鸭“问题肉”	病变淋巴和脓包
26	广东东莞“地下作坊”日销上万“黑粽”	“黑作坊”
27	广东发现含高浓度亚硝酸盐的“染色燕窝”	亚硝酸盐
28	北京查获生产粽子“黑作坊”，泡枣时添加甜蜜素	甜蜜素
29	京、津、冀“地沟油”机械化规模生产	“地沟油”
30	“豆浆门”	豆浆粉
31	全聚德“违规肉”	“无证驴肉”
32	味千拉面“骨汤门”和“添加门”	汤料调制
33	重庆“老堂客”火锅店回收顾客食剩的火锅底料，制售火锅老油	老油
34	麦当劳“面包暴晒门”	汉堡原料面包暴晒
35	麦当劳“蛆虫门”	蛆虫
36	DQ“奶浆门”	代工
37	山西老陈醋95%为醋精勾兑	醋精
38	肯德基后厨风波	后厨卫生
39	浙江检出20万克“问题血燕”	亚硝酸盐
40	肯德基炸薯条油7天一换	炸薯条
41	重庆沃尔玛超市涉嫌销售假冒“绿色猪肉”被查	假冒“绿色”，欺诈消费者
42	肯德基“全家桶”增白剂超标	荧光增白剂
43	“香精包子”	香精
44	俏江南南京店陷“回锅油门”	“回锅油”
45	进口奶粉中发现死虫、活虫	死虫、活虫
46	北京惊现“美容猪蹄”	火碱、双氧水
47	速冻食品“病菌门”	金黄色葡萄球菌
48	立顿铁观音稀土含量超标	稀土
49	吉林长春可口可乐“中毒门”	农药残留
50	江苏南京查处鸭血“黑作坊”	膨大剂
51	江苏连云港“黑工厂”用洋垃圾做食品袋，使村庄水源受污染	洋垃圾
52	蒙牛纯牛奶检出强致癌物	致癌物黄曲霉毒素

本表所示的食品安全热点网络舆情事件主要是按发生的时间顺序排列，可能事件起源比较复杂,《考察报告》则给出事故本身的主要原因。

表 5—2 2009 年、2010 年发生的食品安全主要热点网络舆情事件

编　号	2009 年	2010 年
1	王老吉夏枯草	南京小龙虾
2	农夫山泉“砒霜门”	“圣元”奶粉被疑致性早熟
3	农夫山泉“水源门”	“金浩茶油”致癌
4	“多美滋”奶粉再曝百名宝宝肾结石风波	雪碧汞中毒案
5	红牛饲料“可卡因门”	可口可乐遭消费者集体索赔
6	“依云”检出含菌超标，高端饮用水安全惹关注	麦当劳汉堡防腐剂过多
7	施恩的 100% 全进口奶源被指虚假宣传	山西雅士利奶粉
8	惠氏奶粉“结石门”	麦乐鸡含橡胶等化学成分
9		熊猫乳液三聚氰胺
10		“香飘飘”奶茶活虫事件
11		屈臣氏饮品遭真菌污染被回收
12		真功夫“问题排骨”
13		雅培奶粉遭污染
14		麦当劳召回有毒玻璃杯

资料来源：谢耘耕:《中国社会舆情与危机管理报告(2011)》，社会科学文献出版社 2011 年版。

5.2.3　2011 年食品安全主要热点网络舆情事件的性质特征

分析表 5—1 所列出的 2011 年发生的食品安全主要热点网络舆情事件，52 个主要食品安全网络舆情事件的性质特征构成，主要为非法添加、不当添加、造假、包装材料不合格、投毒、媒体宣传不当、加工不当、无证生产加工、农药残留超标、事件诱因不详及其他等类型。

图 5—1 显示，非法添加和造假是 2011 年发生的食品安全主要热点网络舆情事件的罪魁祸首。

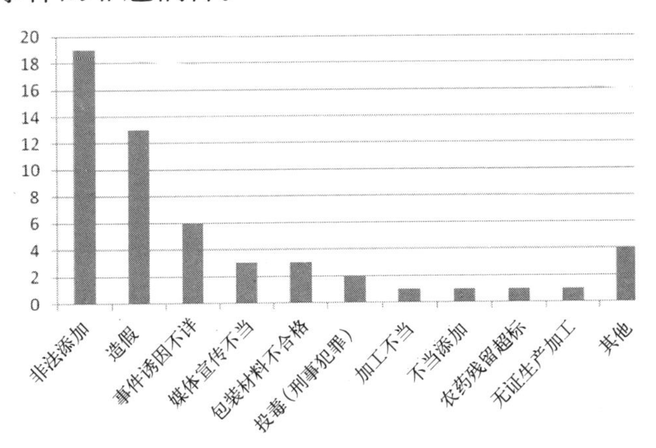

图 5—1　2011 年食品安全主要热点网络舆情事件的性质特征构成

在 52 个食品安全主要热点网络舆情事件中，约 40% 的事件是由非法添加造成。舆情反响尤为强烈、超热度的 4 个食品安全网络舆情事件（双汇“瘦肉精”、塑化剂事件、“染色馒头”、“毒豆芽”），均是由非法添加造成的。构成我国 2011 年食品安全主要热点网络舆情事件的第二个主因为造假，如重庆查处 5 个制销潲水油窝点、山西老陈醋 95%为醋精勾兑、多地曝用“牛肉膏”让猪肉变“牛肉”、“毒生姜”等事件，均造成了恶劣的网络舆情反响。需要指出的是，因为媒体宣传不当并造成重大网络舆情反应的食品安全事件有 3 起，分别是江苏镇江的“爆炸西瓜”、蒙牛纯牛奶检出强致癌物和 DQ“奶浆门”事件。当然，在发生的食品安全主要热点网络舆情事件中，事件性质并不是单一的，有些事件既由于非法添加且又造假。

在 52 个食品安全主要热点网络舆情事件中，可口可乐中毒和甘肃平凉牛奶亚硝酸盐中毒两起事件属于刑事犯罪引发的食品安全网络舆情事件。北京部分影院爆米花桶被曝含致癌荧光增白剂、肯德基“全家桶”增白剂超标、连云港“黑工厂”用洋垃圾做食品袋3起事件，属于因包装材料不合格而引起的食品安全网络舆情事件。因农药残留超标（河南南阳“毒韭菜”事件）、加工不当（肯德基炸薯条油7天一换事件）、无证生产加工（“豆浆门”事件）等引发的舆情事件各1起。广州市场现“染色紫菜”、肯德基的“黄金蟹斗”含臭鱼肉、肯德基的后厨风波、黑芝麻浸泡后变成墨汁疑被染色、进口奶粉中发现死虫和活虫等食品安全网络舆情事件，性质比较复杂。由于原因复杂，《考察报告》将速冻食品“病菌门”、蒙牛“学生奶”中毒、麦当劳“面包暴晒门”、立顿铁观音稀土含量超标等事件，归为食品安全网络舆情事件的其他类选项。

张秋琴等人的研究指出，我国近年发生的重大食品安全事件，虽然也有技术手段不足、环境污染等方面的原因，但更多的是生产经营主体不当行为、不执行或不严格执行已有的食品技术规范与标准体系等违规违法行为等人源性因素造成的[①]。欧阳海燕的研究则进一步认为，人为滥用食品添加剂甚至非法使用化学添加物引发的食品安全事件持续不断，已成为我国食品安全事件的主体[②]。因此，2011年发生的52个食品安全主要热点网络舆情事件的性质特征，实际上与目前我国食品安全风险大、食品安全事件主要由人源性因素造成的结论基本吻合。

5.3 2011年食品安全主要热点网络舆情事件的热度分析

所谓舆情事件热度，实际上就是网民对特定事件的关注度，一

① 张秋琴、陈正行、吴林海：《生产企业食品添加剂使用行为的调查分析》，《食品与机械》2012年第2期，第229—232页。

② 欧阳海燕：《近七成受访者对食品没有安全感》，《2010～2011消费者食品安全信心报告》，《小康》2011年第1期，第42—45页。

般可用主帖、转帖和跟帖计算加总形成的总帖数来衡量。在对食品安全问题舆论热点的统计上,《考察报告》的研究更关注的是论坛、网站的影响力，并据此来展开食品安全主要热点网络舆情事件的热度分析。

5.3.1　热度分析的计算方法

根据艾瑞咨询集团的调查分析[①]，在我国网民中影响力排名靠前的中文论坛与网站分别是天涯社区、百度贴吧、猫扑社区、凤凰论坛、搜狐论坛、网易论坛、凯迪社区、新浪论坛、中华网论坛、大旗网、强国社区、铁血社区等。同时,《考察报告》的研究参照了人民网舆情监测室发布的《2010 年中国互联网舆情分析报告》中的舆情热点统计方法[②]。《考察报告》的研究最终选取天涯社区、凯迪社区、强国论坛、中华论坛和新浪微博等，由此展开食品安全主要热点舆情的热度统计，统计的总帖数包括了上述相关论坛、微博中的主帖、转帖和跟帖。在对同一主题、不同网站相关帖数加总之后，计算生成热度指数。因统计口径一致，不同类内容的热度指数之间具有可比性。

5.3.2　热度的等级分类

继 2009 年、2010 年后，对我国食品安全问题的媒体报道和网络舆情热度持续上升。《考察报告》综合相关资料盘点给出的 52 个食品安全主要热点网络舆情事件中（分别见表 5—3a、表 5—3b、表 5—3c、表 5—3d)，总帖数超过 5 万条的舆情热点事件有 31 个，而舆情热点总帖数超过 20 万条的事件有 17 个，分别占食品安全网络舆情热点事件总数的 59.62%、32.69%。《考察报告》按照总帖数并结合聚

① http://bbs.ifeng.com/zhuanti/bbstop100/pmgz.html.

② 祝华新、单学刚、胡江春:《2010 年中国互联网舆情分析报告》，见 http://www.people.com.cn/GB/209043/210110/13740882.html。

类分析的结果，将2011年食品安全网络舆情事件热度划分为超热度、高热度、一般热度和低热度四类，具体情况见图5—2所示。

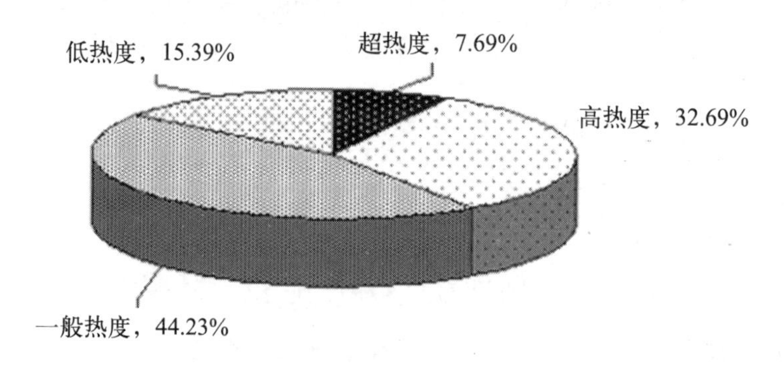

图5—2 2011年食品安全网络舆情事件热度等级分类与比例

（1）超热度的食品安全网络舆情事件

舆情统计的总帖数超过90万条的食品安全网络舆情事件，分别是双汇“瘦肉精”事件（4476092条）、塑化剂事件（4449712条）、上海“染色馒头”事件（3405995条）、辽宁沈阳“毒豆芽”事件（926974条）等4个食品安全事件，成为2011年最受关注的食品安全网络舆情事件（表5—3a）。

表5—3a 2011年超热度的食品安全网络舆情事件

热度排序	事件	天涯社区	凯迪社区	强国论坛	中华论坛	新浪微博	热度合计
1	双汇“瘦肉精”事件	2837782	1176161	1445	2657	458047	4476092
2	塑化剂事件	1912060	1135362	1363	10473	1390454	4449712
3	上海“染色馒头”事件	1189669	1685452	1405	19056	510413	3405995
4	辽宁沈阳“毒豆芽”事件	369592	495983	452	4107	56840	926974

(2)高热度的食品安全网络舆情事件

舆情统计的总帖数介于 15 万—90 万条之间的食品安全网络舆情事件，如表 5—3b 显示的，重庆查处 5 个制销潲水油窝点、肯德基炸薯条油 7 天一换、多地曝用“牛肉膏”让猪肉变“牛肉”、山西老陈醋 95%为醋精勾兑等 17 个食品安全网络舆情事件，成为 2011 年高热度的食品安全网络舆情事件。

表 5—3b 2011 年高热度的食品安全网络舆情事件

热度排序	事　件	天涯社区	凯迪社区	强国论坛	中华论坛	新浪微博	热度合计
5	重庆查处 5 个制销潲水油窝点	16870	60728	90	68	379832	457588
6	肯德基炸薯条油 7 天一换	10322	3150	6	51	435775	449304
7	多地曝用“牛肉膏”让猪肉变“牛肉”，多吃致癌	53081	132746	306	7379	175411	368923
8	山西老陈醋 95%为醋精勾兑	250331	94743	5	283	264	345626
9	湖北宜昌“毒生姜”事件	256290	62360	53	1561	3431	323695
10	俏江南南京店陷“回锅油门”	281662	32909	6	491	6676	321744
11	“爆炸西瓜”	26010	256654	19	666	12187	295536
12	浙江检出 20 万克“问题血燕”	205302	79169	19	82	138	284710
13	“豆浆门”	129293	106135	150	163	10060	245801
14	蒙牛纯牛奶检出强致癌物	5056	213850	109	1760	1872	222647
15	京、津、冀“地沟油”机械化规模生产	116978	54495	116	40946	8993	221528
16	重庆“毒花椒”	17509	189590	124	2715	6485	216423
17	蒙牛“学生奶”中毒	66412	124352	27	97	6849	197737
18	广东广州市场现“染色紫菜”，浸泡多次仍掉色	5920	10030	22	436	178847	195255

续表

热度排序	事　件	天涯社区	凯迪社区	强国论坛	中华论坛	新浪微博	热度合计
19	重庆沃尔玛超市涉嫌销售假冒“绿色猪肉”被查	23529	156740	58	1296	1561	183184
20	DQ“奶浆门”	164273	3373	1	1	9191	176839
21	“墨汁粉条”	7582	141175	24	2816	2208	153805

（3）一般热度的食品安全网络舆情事件

舆情统计的总帖数超过2万条但少于15万条的食品安全网络舆情事件中，吉林长春可口可乐“中毒门”、甘肃平凉牛奶致亚硝酸盐中毒、“香精包子”、麦当劳“蛆虫门”等23个食品安全网络舆情事件，属于2011年一般热度的食品安全网络舆情事件（表5—3c）。

表5—3c　2011年一般热度的食品安全网络舆情事件

热度排序	事　件	天涯社区	凯迪社区	强国论坛	中华论坛	新浪微博	热度合计
22	吉林长春可口可乐“中毒门”	121303	16677	32	4	177	138193
23	甘肃平凉牛奶致亚硝酸盐中毒	90837	14736	19	112	21409	127113
24	“香精包子”	49356	20808	32	153	53903	124252
25	麦当劳“蛆虫门”	3955	58030	1	520	28526	91032
26	肯德基的“黄金蟹斗”含臭鱼肉	70896	12144	57	18	5024	88139
27	重庆“老堂客”火锅店回收顾客食剩的火锅底料，制售火锅老油	59092	15618	82	10	2539	77341
28	回炉面包重新卖	3685	63235	20	52	2428	69420
29	肯德基后厨风波	38235	11366	16	95	13181	62893
30	北京惊现“美容猪蹄”	10	61681	7	0	32	61730
31	死猪泡农药腌腊肉	1876	52935	129	985	3403	59328

续表

热度排序	事　件	天涯社区	凯迪社区	强国论坛	中华论坛	新浪微博	热度合计
32	黑芝麻浸泡后变成墨汁，疑染色	32414	11901	42	1945	1553	47855
33	"水银刀鱼"事件	2972	43487	9	52	904	47424
34	味千拉面"骨汤门"和"添加门"	5208	29990	24	308	11631	47161
35	广东发现含高浓度亚硝酸盐的"染色燕窝"	602	45039	7	14	1161	46823
36	广东东莞"地下作坊"日销上万"黑粽"	0	4962	3	20	39310	44295
37	麦当劳"面包暴晒门"	3272	36661	12	2	258	40205
38	进口奶粉中发现死虫、活虫	4166	29636	34	2222	781	36839
39	北京查获生产粽子"黑作坊"，泡枣时添加甜蜜素	1471	33580	22	25	1459	36557
40	"雨润"烤鸭"问题肉"	245	32398	13	93	729	33478
41	河南南阳"毒韭菜"事件	30510	1528	44	112	475	32669
42	暗访市场带淋巴血脖肉	15183	5821	176	73	637	21890
43	重庆一公司购26吨含三聚氰胺的奶粉生产雪糕被查获	11134	9566	36	197	194	21127
44	山东青岛用福尔马林浸泡小银鱼	9971	9861	47	105	204	20188

（4）低热度的食品安全网络舆情事件

舆情统计的总帖数少于2万条的食品安全网络舆情事件，主要包括喝"珍珠奶茶"吃"珍珠"等于吃塑料、北京部分影院爆米花桶被曝含致癌荧光增白剂、肯德基"全家桶"增白剂超标、连云港"黑工厂"用洋垃圾做食品袋、南京查处鸭血"黑作坊"和全聚德"违规肉"等8个食品安全网络舆情事件，属于2011年低热度的食品安全网络舆情事件（表5—3d）。

表 5—3d 2011 年低热度的食品安全网络舆情事件

热度排序	事　件	天涯社区	凯迪社区	强国论坛	中华论坛	新浪微博	热度合计
45	立顿铁观音稀土含量超标	0	7321	22	24	11625	18992
46	喝“珍珠奶茶”吃“珍珠”等于吃塑料	3826	10413	45	1226	115	15625
47	速冻食品“病菌门”	853	14432	19	1	250	15555
48	北京部分影院爆米花桶被曝含致癌荧光增白剂	5885	4939	12	225	245	11306
49	肯德基“全家桶”增白剂超标	2183	7050	7	18	1707	10965
50	江苏连云港“黑工厂”用洋垃圾做食品袋，使村庄水源受污染	280	7134	6	45	1305	8770
51	江苏南京查处鸭血“黑作坊”	1101	4202	7	0	82	5392
52	全聚德“违规肉”	185	182	7	9	202	585

需要指出的是，表 5—3a、表 5—3b、表 5—3c、表 5—3d 中入选的食品安全网络舆情事件主要指的是较为具体的事件，对庞大且笼统的事件只选取其中的具体事件；舆情统计的总帖数包含主帖和跟帖，数据是通过设置多个关键字，采用多途径、全文搜索的方式得出的统计结果，并剔除了重复的帖子；随着食品安全网络舆情热点事件的发展，有可能衍生出网络新词，存在极少量的帖子并不是讨论该事件本身，而是引用网络新词的状况，在统计舆情数据时一并计入。总帖数的数据不包含已被社区管理员从根目录彻底删除的帖子，但包括删除后还存在“快照”的帖子。由于计算方式、搜索范围的某些差异，《考察报告》中反映的某一食品安全网络舆情的热度可能与其他类似的报告存在某些差异，但不会改变热度的排序。

5.4 2011 年食品安全主要热点网络舆情事件的地域分布

区域分布相对广泛、事件性质凸显地区差异，是 2011 年发生的食品安全主要热点网络舆情事件地域分布的基本特征。

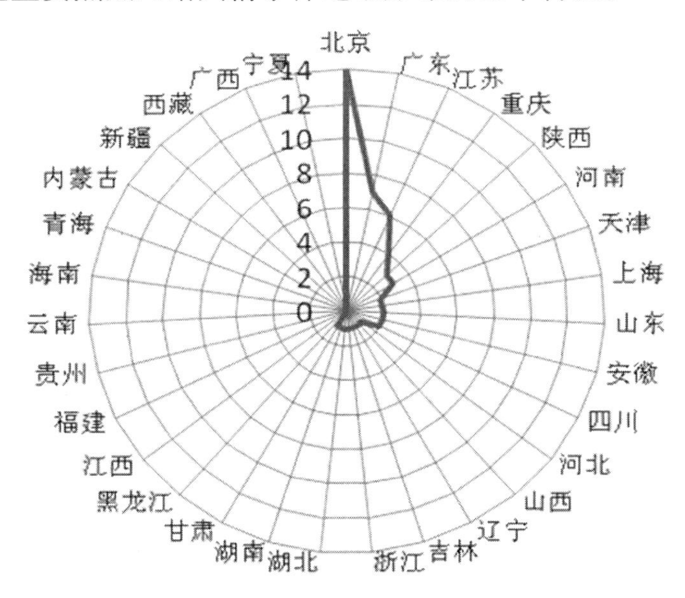

图 5—3 2011 年食品安全主要热点网络舆情事件的地域分布（中国大陆范围）

从 2011 年发生的食品安全主要热点网络舆情事件地域分布来看，在我国大陆范围的 31 个省级行政区中有 19 个省级行政区发生了食品安全网络舆情事件，说明食品安全在我国正在逐步成为一个全国性问题，而非个别省份、局部地区的突发性事件。比较在不同省份（包括直辖市、自治区）发生的食品安全主要热点网络舆情事件，可以发现有如下特征。

5.4.1　发达地区的特征

在经济社会比较发达的省份和直辖市，如北京、上海、天津、重庆、广东和江苏等地，这些区域的互联网（包括移动互联网）基础设施比较好，民众与媒体的舆论监督作用强，公众对健康和食品安全风险问题的关注更为深入、广泛。这其中又以发生在北京的食品安全网络舆情事件为最多，如影院爆米花桶被曝含致癌荧光增白剂，黑芝麻浸泡后变成墨汁，全聚德“违规肉”,“美容猪蹄”,“香精包子”，粽子“黑作坊”泡枣时添加甜蜜素，京、津、冀“地沟油”机械化规模生产，肯德基炸薯条油7天一换，肯德基的“黄金蟹斗”含臭鱼肉、“豆浆门”、后厨风波等事件。这些食品安全主要热点网络舆情事件不单包含了原料类产品的质量问题，更是拷问了企业食品质量安全问题，同时一些知名品牌的“洋快餐”也成为食品安全网络舆情关注的热点。上海、广东、江苏等地也是食品安全网络舆情事件的高发区，网民对上海“染色馒头”事件的关注度超过340万人次，更是引发了消费者对食品行业的质疑。与其他地区相比较，经济社会比较发达的省份和直辖市的食品安全主要热点舆情，更多的是体现了公民对食品安全的维权意识。

5.4.2 一般地区的特征

在经济社会发展水平中等的省份，比如河南、四川、山东、湖北等地，食品安全主要热点舆情则主要关注食品原料生产、食品加工中的安全问题，如多地曝用“牛肉膏”让猪肉变“牛肉”多吃致癌、“雨润”烤鸭“问题肉”、双汇“瘦肉精”、速冻食品“病菌门”等事件。同时，这些地区的食品安全主要热点舆情还较为集中地反映在“毒”、“害”上，如河南南阳“毒韭菜”、吉林长春市民饮用可口可乐品牌饮料中毒、湖北宜昌“毒生姜”、辽宁沈阳“毒豆芽”等事件，这些食品安全问题直接危害公众的身体健康。

5.4.3　偏远地区的特征

在云南、贵州、海南等省份和自治区则较少发生食品安全网络舆情事件，原因则是相当的复杂，既有公众意识的问题，有互联网等基础设施薄弱的问题，又有当地媒体监督力度不足等问题，也不排除当地网络舆情不发达而未被报道的可能。

5.5　2011 年食品安全主要热点网络舆情事件的基本特征

进一步分析，2011 年在我国发生的主要网络舆情事件，有如下 6 个基本特征。这些特征既反映了食品安全网络舆情的走势，又深刻揭示了食品安全风险与由此引发的食品安全事件的性质特征。

5.5.1　非法添加和造假事件成为关注重点

在《考察报告》盘点的 2011 年度发生的 52 个食品安全主要热点网络舆情事件中，源于非法添加和造假产生的多达 32 个，占全部食品安全主要热点网络舆情事件的 61.54%。其中 19 个起因于非法添加，13 个起因于造假（图 5—1），非法添加和造假造成的食品安全事件引发了强烈的网络舆论。2011 年超热度的 4 个食品安全网络舆情事件（双汇“瘦肉精”、“塑化剂”、“染色馒头”、“毒豆芽”）均由非法添加造成，在本《考察报告》研究所选网站、论坛的统计中，总帖数超过 1325 万条。而“地沟油”、潲水油泛滥成灾，醋、姜、肉……百姓餐桌上的各种食品都成为不法商贩为谋取肮脏利润而进行造假的对象，危及民众的基本健康，也已成为食品安全网络舆情最为关注的重点问题。

5.5.2 共性问题成为关注的核心

发生的食品安全事件中的共性问题直接影响消费者对食品行业的信心，而食品安全事件中的共性问题意味着更贴近消费者，更容易引起消费者的忧虑、关注。民众对食品安全事件共性问题的担忧表现为对各种专业词汇的关注，如“地沟油”、塑化剂、亚硝酸盐、金黄色葡萄球菌、黄曲霉毒素等成为食品安全网络舆情中的热门词汇。同时，对食品安全事件中共性问题的关注也表现为对产生该类问题企业的跟踪和相关企业的热议。如对食用油问题，网络舆情在 2011 年 5—12 月间热议不断：重庆查处 5 个制销潲水油窝点，京、津、冀的“地沟油”机械化规模生产，“老堂客”回收火锅底料制售火锅油，肯德基炸薯条油 7 天一换，俏江南南京店陷“回锅油门”，福建长富一款纯牛奶及广东 3 种食用油亦含致癌物等。塑化剂事件在 2011 年 4—6 月间成为舆情热议的议题长达 3 个月之久。

5.5.3 外国在华快餐行业爆发的食品安全事件成为新热点

我国的食品安全风险也来自于外国在华饮食行业、进口食品。如 2011 年 10 月，青岛的消费者在“美素”奶粉中发现活虫；同年 11 月，西安的消费者称在“雅培”奶粉中发现甲虫。“洋快餐”行业的食品安全网络舆情较为突出，从味千拉面的“骨汤门”，肯德基的“黄金蟹斗”含臭鱼肉、“全家桶”增白剂超标、“豆浆门”、后厨风波到麦当劳的“蛆虫门”、“面包暴晒门”以及 DQ“奶浆门”等等。其中，对肯德基炸薯条油 7 天一换的关注度达到 449304 人次，在 2011 年食品安全主要热点网络舆情事件上排序第六，成为 2011 年 17 个高热度的食品安全网络舆情事件之一。对 2011 年 7 月 25 日爆发的味千拉面“骨汤门”和“添加门”的食品安全网络舆情事件，一个月内发帖的就达到了 12881 人次。

5.5.4 品牌食品企业更容易成为关注的焦点

典型的是双汇“瘦肉精”和“染色馒头”事件，总帖数分别为4476092 个和 3405995 个，在 2011 年发生的食品安全主要热点网络舆情事件中分别排序第一和第三。品牌食品企业更容易成为食品安全网络舆情关注的焦点，双汇“瘦肉精”事件最具有典型性。双汇“瘦肉精”事件发生在河南双汇集团下属的分公司(济源双汇食品有限公司)。双汇集团是以肉类加工为主的大型食品集团，总部位于河南省漯河市，总资产 100 多亿元，员工 6.5 万人，年产肉类总产量 300 万吨，是中国最大的肉类加工基地，在 2010 年中国企业 500 强排序中列第 160 位。中央电视台在 2011 年“3 · 15”消费者权益日播出了《“健美猪”真相》的特别节目，披露了河南济源双汇公司使用“瘦肉精”猪肉的事实，描述了“问题猪肉”从河南出厂到抵达南京屠宰场过程中一路凭借买来的“通行证”畅通无阻的基本情节。当时网页与微博上搜索到的新闻条数如下图 5—4 所示。图 5—4 反映了在 2011 年 3 月 13 日—3 月 23 日期间的舆论走势图。可以看出，媒体及网民对双汇集团发生“瘦肉精”一案的关注度极高，出现了 3 个高峰期：第一个峰值点是在中央电视台将其曝光前夕，舆论关注真相；第二个峰值点则是因为政府相关部门出台了一系列政策，部分地区的双汇产品已经下架，造成了舆论的另一关注点；第三个峰值点是在 3 月 22 日，双汇集团确认 17 头“瘦肉精猪”，引发又一轮热点讨论。

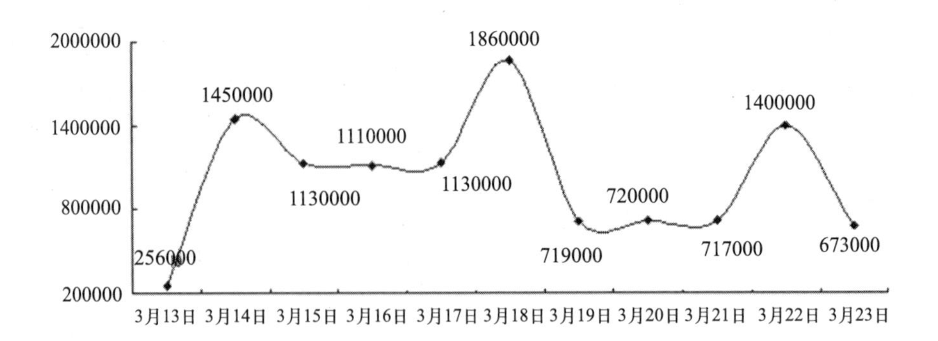

图 5—4 双汇“瘦肉精”事件舆论走势图

如果说民众对“黑作坊”和贪图利益的个体商贩发生的食品安全问题尚可理解，发生在品牌食品生产、经营企业中的食品安全事件，将更直接、更容易造成民众对我国食品行业道德的质疑。上海“染色馒头”事件曝光了上海华联等超市多年销售“染色馒头”，并且随心所欲地更改馒头的生产日期，而生产“染色馒头”的上海盛禄食品有限公司则在生产过程中将防腐剂、甜蜜素齐上阵，生产馒头的工人自称“这些馒头，打死我都不会吃”。品牌企业和发达城市更容易成为关注的焦点，代表了消费者对我国食品行业的愤怒，直接表达了对政府食品安全监管效率的不满。

5.5.5 网络舆情成为公众参与的重要平台

食品安全事件成因复杂，且具有很强的隐蔽性。而传统媒体的专业性、权威性能够保证长时间的调查，且报道内容翔实，相对客观，富有说服力。双汇“瘦肉精”、“染色馒头”、“墨汁粉条”等事件均由传统媒体首次曝光。从 2011 年影响较大的食品安全网络舆情事件的首曝方式来看，79% 的事件均由传统媒体曝光，而经网络媒体曝光的占 19%。然而值得注意的是，2011 年国内各种涉及食品安全的事件遭到曝光，其显著特点是以依靠群众的举报、主动爆料行动为主，占比40%。尽管网络舆情尚不是食品安全事件的主要首曝方式，但它正在成为公众参与食品安全监管的大众化、信息化的重要方式，可以预见的是，其未来的作用难以替代。同时，网络舆情正在成为食品安全科普的重要方式。比如，2011年5月11日，复旦大学硕士研究生吴恒在人人网和博客上发布了一篇日志，召集34名志同道合者用一个月时间共同建立一个中国食品安全数据库。同年5月13日，团队正式开始运作。短短的17天内，该团队共查阅相关报道17268篇、约1000万字，从中筛选出有明确来源、有受害者的2107篇报道，制作了2849条记录，并为每篇报道提取了包括事发地、涉及食品的种类、对人体有害的原因等在内的关键词。这些资料的整理、公布，对公众了解食品安全等起到了积极的作用。

5.5.6　网络舆情的负面效应逐步凸显

网络媒体已被公认为继报纸、广播、电视之后的“第四媒体”，网络成为反映社会舆情的主要载体之一。近年来，国内食品安全事件频繁爆发，食品安全持续成为网络舆论的热点[①]。目前，食品安全网络舆情中客观上存在着报道失实、缺乏理性、谣言滋生、放大风险等现象。“爆炸西瓜”、蒙牛纯牛奶检出强致癌物、DQ“奶浆门”等，成为2011年由于媒体宣传不当，造成重大网络舆情反应的食品安全网络舆情事件。同时，由于人们的偏见以及部分媒体并不具有食品安全的专业知识，加之网络的广泛存在、网络信息传播的自由性和广泛性，失实、虚假信息甚至是谣传信息等极有可能得到大范围传播。在山西陈醋“勾兑门”事件中，超95%的陈醋由醋精勾兑的话题就是

① 李志杰：《食品安全成为国内外关注的热点问题》，《领导文萃》2007年第10期，第13—18页。

经由媒体反复炒作，扩大了公众的风险认知。部分媒体在报道中提及我国奶粉标准成为世界最低，更是放大了风险，给企业形象乃至区域经济社会发展造成一定阻碍。进一步分析，如果在舆情传播中加上一种情绪化的意见，可以瞬间成为点燃一片舆论的导火索，引发公众的食品安全恐慌，所带来的市场恐慌远远大于其实际危害。《社会各界近期对食品安全情况的舆情反映》的研究显示，在对民众的抽样调查中，有 26% 的民众对国产食品表现出抵触情绪，有 22% 的人认为政府在食品安全保障方面不作为①。民众对国产食品的抵触，将对我国的经济发展产生深远影响，这是一个严峻的问题。同时，民众对政府的不信任，将对政府的公信力产生不良影响，影响政府的领导力和执行力，易产生严重的社会问题甚至危及社会的稳定。

5.6 食品安全网络舆情体系中主要网络媒介的舆论强度

2011 年我国的食品安全网络舆情体系中，各种不同的载体展示了不同的格局。初步分析，目前主要呈现出 4 个明显的特点。

5.6.1 微博成为公民参与网络舆情的重要工具

2008 年，以 Twitter（中文名称为“推特”，是国外的一个社交网络及微博客服务的网站）为代表的微博客在国内逐渐兴起，具有便捷、快速和病毒般的传播力②。正如上文中的调研显示，23.65% 将私人博客、微博作为首选渠道。微博客成为舆情发展的一个时代趋势，

---

① 《社会各界近期对食品安全情况的舆情反映》，见 http://share.freesioncom/3540/4893468/1720034/。

② 祝华新、单学刚、胡江春：《2010 年中国互联网舆情分析报告》，见 http://www.people.com.cn/GB/209043/210110/13740882.html。

在于其特有的适应性。微博在真正意义上实现了内容多样化和个性化的矛盾统一。相对于传统的写作和传播，微博作了 3 个简单却又带根本性的改变——对于字数的限定、关注和转发。这样的改变使得更多的网民能够成为微博的创作者，冲破了内容爆发的瓶颈，驶入快车道。微博客可以通过电脑、手机等客户端即时发布消息，无线通信技术以及手机的便携性使信息传播打破了时空障碍，手机等移动终端自产生内容（UGC）的便利性和传播的高速性使微博成为独特的舆论放大器。而内容的爆发，又带来互动强度和及时性的根本性提高，形成良性循环。随着网络效应的展现，微博上的人越多，创造的内容就越多，互动的话题就越多，互动强度也就越强。微博也带来了人与人、人与组织、人与社会之间的更多互动，甚至每一个人都可以成为一个传播、表达的媒体平台。微博为社会与民主的进步搭建起更广阔的平台，成为更多人“参政议政”的有效通道。

5.6.2　媒体融合，共同打造监督平台

各种不同媒体之间的互动与整合，对食品安全问题共同形成媒体监督作用。尤其是在新媒体时代，一方面，公众可以通过无处不在的网络，用无所不能的移动化终端，获取各自所需要的服务，传递各自不同的意见。这对食品安全问题社会舆论形成与传播的格局产生了重大的影响。越来越多的普通网民扮演起了“报道者”的角色。比如肯德基的“黄金蟹斗”含臭鱼肉事件、“全家桶”增白剂超标事件、“豆浆门”事件，以及麦当劳面包“暴晒门”事件，这些事件的曝光都是网民将身边的食品安全问题自己制作成报道后分发到互联网上并引起社会舆情。在这种情况下，舆论形成与传播的非中心化越来越明显，每一个人都成为舆论的散播源。另一方面，体制内的传统媒体，包括报纸、电视台等，关注和回应网络舆论，可以表达政

府改进公共管理的诚意，对突发食品安全事件的解决经常能起到一锤定音的作用。比如公安部统一指挥浙江、山东、河南等地公安机关，历时 4 个月，成功破获一起利用“地沟油”制售食用油特大案件后，《人民日报》发表评论《食品安全监管如何道高一丈》，指出“当前，我国已经建立食品安全监督管理体制,《食品安全法》也已经在原则上明确了卫生监督、食品安全、工商管理、质量监督等多个部门的职能，形成监管部门各司其职、各负其责并统一协调的监管格局，这为食品安全提供了基础性的制度保障，也在一定程度上发挥了食品安全屏障作用”，但同时也指出“食品安全的这种多头管理格局导致相关部门权责不分，进而引发的监管的不力也给不法商贩提供了‘黑色产业’的膨胀空间”。同时,《新华每日电讯》发表评论《地沟油“产业升级”反衬出监管缺失》,《新京报》发表评论《“地沟油”产业链并非不可斩断》，各大电台、电视台也纷纷进行了报道。

5.6.3 专业网站凸显纵深力量

伴随着我国食品安全问题的严峻，一些专业食品安全网站纷纷出现，如中国食品安全网、食品安全网、食品安全论坛、中国食品安全资源数据库、海峡食品安全网、食品伙伴、安全快报、食品工业网、浙江食品安全信息网、陕西省食品安全信息网、首都食品安全网、长沙食品安全网、超市食品安全网等。这些专业网站对食品安全事件进行详细的跟踪、报告和解答，凸显了食品安全问题的专业性和纵深性，深化了我国各层次和各角度食品安全问题的聚焦程度。比如安全快报的资料库收集了 1 万多条与食品相关的新闻报道，其中约 6000 条与有毒食品相关。

5.6.4　网络社群发展迅猛

网络社群是由网民通过互联网互相认识对方，共同分享信息、情感而聚在一起的群体。网民通过社群网络互相分享资讯、交流沟通，来建立人际关系。中国的网络社群以 QQ 群和 SNS(Social Network Services)社交网站为主要形式。据公开数据，截止到 2010 年，中国的 QQ 群已经超过 5000 万个，开心网的注册用户数已经达到 8000 万，人人网更是高达 1.2 亿[①]。这样庞大的用户群不仅为网民间的信息分享提供了便利，而且成为网民介入公共事务的新途径。目前，人民网、新华网和许多知名传统媒体都在社群网站中开设了自己的账户，用以传播新闻信息。网民之间自发传递信息的数量更是非常庞大。虽然目前国内社交网站的主要作用是娱乐与交友，较少介入社会公共事务，但考虑到社群成员在组织上相对紧密的优势，所以在未来的食品安全事件中，网络社群很可能成为影响力极强的传播工具。

对于食品安全问题，网络意见领袖的“利益无关性”使其更能得到公众的信任。网络的跨地域性质，使网络意见领袖与网民有着疏离的距离。正是这种距离，使网络意见领袖不具有得到直接利益的目的，他发布信息完全凭借“一片热心”。这种非功利性使网络意见领袖更受网民信任，从而更具有说服力。网民对于网络意见领袖的信任少了权力、利益等外界压力，而更加真实、更加本性、更加天然，这使得网络意见领袖对网上公众的影响也更加有力、更加深入人心[②]。

---

① 祝华新、单学刚、胡江春:《2010 年中国互联网舆情分析报告》，人民网舆情检测室，2010 年。

② 谢新洲、安静、杜智涛、张悦:《新媒体时代：舆论引导的机遇和挑战》,《光明日报》2012 年 3 月 27 日。

第六章

食品安全网络舆情的公众调查报告

食品安全网络舆情是由食品安全事件引发的，由媒体、网民等主体通过互联网对食品安全事件的报道、转载和评论，并在公众认知、情感和意志基础上，对食品安全形势、食品安全监管产生的具有一定影响力和倾向性的共同意见[①]。因此，网民是食品安全网络舆情的主体。本章基于对合肥、福州、石家庄3个省会城市592个受访者的调查，就网民对食品安全网络舆情的真实性与影响程度、对食品安全网络舆情的参与性，以及重大食品安全网络舆情发生时政府发布信息的真实性与运用网络的能力等展开分析，并归纳网民对政府管理食品安全网络舆情的建议。

① 李文、刘强：《食品安全网络舆情监测与干预策略研究》，2010年10月19日，见 http://zhengwen.ciqcid.com/lgxd/50415.html。

6.1 调查说明与受访者特征

展开对食品安全网络舆情的公众调查，是非常有价值的。但基于短期内在全国范围内设置科学合理、分布均衡、动态有序的调查网络与实施调查难以实现的实际，同时考虑到目前食品安全网络舆情的发展状况，本着有限目标、尝试进行、逐步展开、积累经验的原则，本次调查地区的设定目标是大城市或较大城市，调查对象是年满18周岁且知晓网络舆情的城乡居民(以下简称网民)。考虑到调查具有尝试性，本次调查最终在安徽的合肥、福建的福州、河北的石家庄3个省会城市展开。

6.1.1 调查的组织

预备性调查于2011年12月在江苏省无锡市区进行。在预备性调查的基础上，根据调查中发现的问题修改问卷。对合肥、福州、石家庄的调查均在2012年2—3月间陆续展开，并确定每个城市调查200个熟悉网络的居民。这3个城市的调查均由经过无锡预备性调查的人员随机在各个城市的市区进行。在调查过程中，对被调查者(简称受访者)的选择不分户籍，不分工作地点。在随机调查点上，凡是受访者自身确认知晓网络舆情，就被确定为调查对象。

为确保调查时的有效交流，确保调查的真实性，选择的调查员均是江南大学的硕士研究生，而且家庭所在地分别来自于合肥、福州、石家庄。对合肥、福州、石家庄具体调查地点的选择，均统一设定为大型超市、新华书店，并要求调查员在每个点上的受访者不超过20个，在各自调查的城市流动展开。

6.1.2 受访者特征分析

在合肥、福州、石家庄共有600个受访者接收了本次调查，剔除不合格的调查问卷，最终获得592个有效样本，有效样本率为98.67%。调查的描述性统计见表6—1。

表6—1 受访者相关特征的描述性统计

特征描述	总体样本	
	频数（个）	有效比例（%）
性别	592	100.00
男	305	51.52
女	287	48.48
年龄	592	100.00
18—35岁	448	75.68
36—45岁	92	15.54
46—60岁	44	7.43
61岁及以上	8	1.35
婚姻状况	592	100.00
未婚	368	62.16
已婚	224	37.84
学历	592	100.00
研究生	48	8.10
本科	294	49.66
大专	138	23.31
高中（含中等职业）	88	14.87
初中或初中以下	24	4.05
个人年收入	592	100.00
1万元及以下	242	40.88
1—2万元之间	76	12.84
2—3万元之间	100	16.89
3—5万之间	78	13.18

续表

特征描述	总体样本	
	频数(个)	有效比例(%)
5 万元以上	96	16.21
家庭人口数	592	100.00
1 人	2	0.34
2 人	26	4.39
3 人	284	47.97
4 人	162	27.37
5 人或 5 人以上	118	19.93

受访者的基本特征如下：

(1)男女比例比较均衡，且已婚人员为主体

在 592 个受访者中，男女比例非常接近，所占比例分别为 51.52% 和 48.48%；分析婚姻状况，受访者未婚数远远大于已婚数，比例分别为 62.16%、37.84%。

(2) 18—35 岁的受访者为主体

98.65% 的受访者年龄在 60 岁及以下。其中，年龄在 18—35 岁的受访者所占比例最大，为 75.68%；年龄在 36—45 岁的受访者，所占比例为 15.54%。这说明年龄段在 18—35 岁的群体是知晓网络舆情的主流。

(3) 3 人家庭的受访者占主体

在受访者家庭人员的构成中，人口为 3 人的受访者所占比例最大，为 47.97%；而家庭人口为 4 人、5 人或 5 人以上、2 人和 1 人的受访者比例由高到低排序，分别为 27.37%、19.93%、4.39%、0.34%。

(4)具有本科学历的受访者占主体

具有本科学历的受访者所占比例最大，达到了 49.66%；具有大专学历的受访者所占比例为 23.31%，而具有高中(包括中等职业）、研究生、初中或初中以下学历的受访者所占比例分别为 14.87%、8.10%、4.05%。具有本科及以上学历的受访者所占比例达到了 57.76%，可见受访者的学历总体层次较高。

（5）个体年收入差异较大

受访者个体年收入在 1 万元及以下的比例最高，为 40.88%；其次为 2—3 万元之间，所占比重为 16.89%；在 1—2 万元和 3—5 万元之间的受访者所占比例大体相似，分别为 12.84% 和 13.18%；在 5 万元以上的比例为 16.21%。

6.2 食品安全网络舆情的真实性评价与影响程度分析

从对网络媒体发布信息的真实性与目前网络舆情反映的食品安全状况的真实性、最信任的食品安全网络信息发布途径、对官方与非官方发布的网络信息的信任、食品安全网络舆情的影响程度等角度展开描述。

6.2.1 食品安全网络舆情信息的真实性

图 6—1 的调查数据显示，47.64% 的受访者对网络媒体发布的食品安全网络舆情信息有所相信；选择“比较怀疑”和“十分怀疑”的比例之和为 34.12%，明显高于选择“比较相信”和“从不怀疑”的比例之和 15.88 个百分点；而其中只有比例为 1.01% 的极少数受访者表示“从不怀疑”。由此说明，受访者对待网络媒体发布的食品安全网络舆情信息持较为理性的态度，大多数受访者能够作出自己的判断。

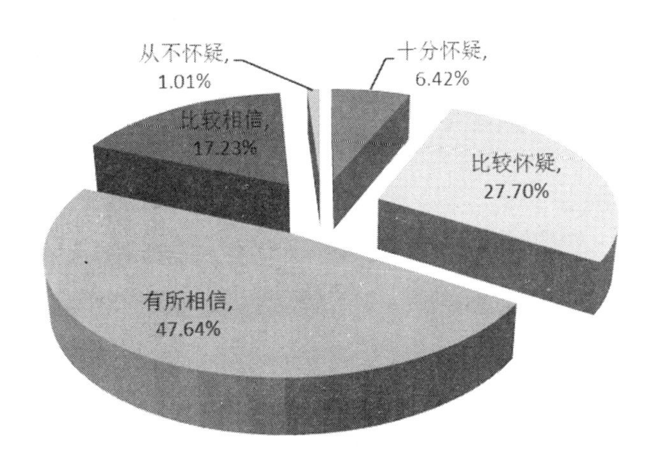

图 6—1　食品安全网络舆情信息的真实性评价

6.2.2　现阶段网络舆情描述的食品安全现状的真实性

现阶段网络舆情中，有大量的信息从不同的方面描述了我国食品安全现状。对此，本调查就信息的真实性问题专门设置题项，请受访者评价。图 6—2 的结果显示，分别有 15.54% 和 38.17% 的受访者,“非常认同”、“认同”网络舆情真实地反映了现阶段我国食品安全现状的观点；分别有 28.72%、12.84%、4.73% 的受访者，则认为“无法确定”、“不认同”、“非常不认同”网络舆情真实地反映了我国食品安全现状的观点。但调查显示，超过 50% 的受访者认同目前的网络舆情反映的我国食品安全现状具有真实性。因此，目前网络舆情对社会具有较强的影响力。如何管理网络舆情、确保食品安全网络舆情的可靠性，显得尤为迫切。

6.2.3　最信任的食品安全网络信息发布途径

本次调查设置了“您认为最信任的食品安全网络信息的发布途径”的多项选择题，受访者可以在国外网站，校园 BBS，食品专家等的私人博客、微博、QQ群，天涯、猫扑等大型主流论坛，新浪、网易、搜狐、腾讯、凤凰等门户网站，政府官方网站，社交网站中，最多选择3项来回答。图6—3的调查结果显示，受访者选择新浪、网易、搜狐、腾讯、凤凰等门户网站与政府官方网站的比例均超过了

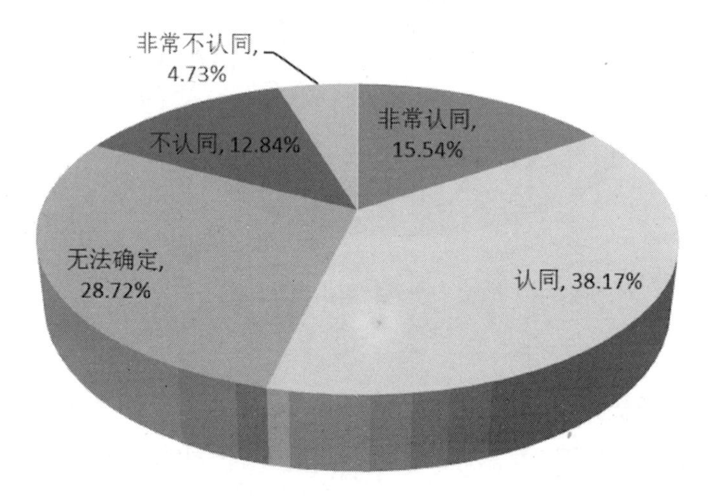

图6—2 现阶段网络舆情描述的食品安全现状真实性评价

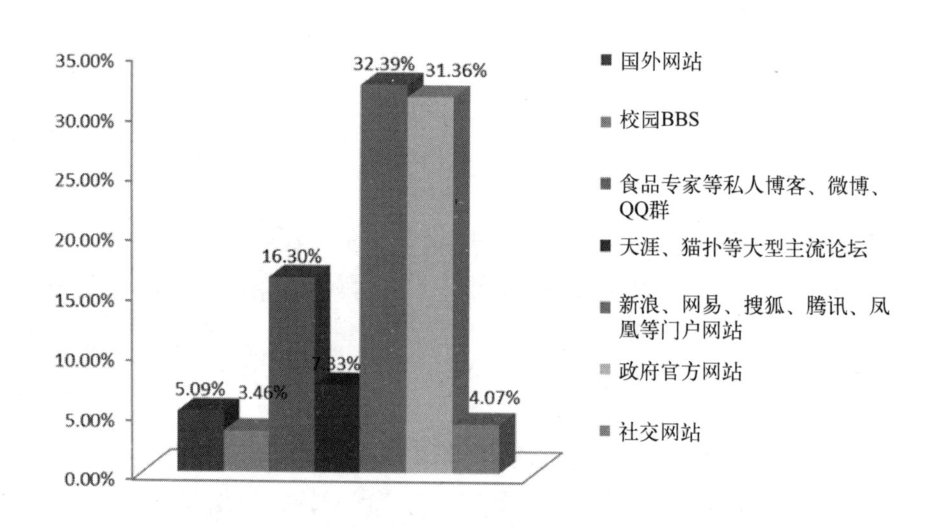

图6—3 受访者最信任的食品安全网络信息发布途径

三分之一，远高于其他 5 种途径。可见，目前国内影响较大的门户网站以及政府官方网站公布的有关食品安全的信息，在受访者心中具有较高的影响力和权威性。同时，有 16.30% 的受访者选择信任食品专家等人的私人博客、微博、QQ 群，说明专家的意见对不少受访者也具有一定影响力。仅有 4.07% 的受访者信任国外网站。因此，加强国内重要的门户网站以及政府官方网站建设，及时、可靠地发布食品安全的舆情信息，占领网络舆情的主阵地，显得十分必要。

6.2.4 对官方与非官方发布的食品安全网络信息的信任度比较

图 6—4 的数据显示，当政府与非官方通过网络发布的食品安全信息不一致时，分别有 4.97%、35.81% 的受访者选择了非常相信和基本上相信政府的信息，只有 16.82% 的受访者选择相信非官方发布的网络信息，而选择“比较难说”的受访者比例为 42.40%。由此可见，约 59.22% 的受访者对政府发布的食品安全网络信息的真实性持有不同程度的怀疑态度。这可能与历次食品安全事件爆发后政府发布的网络信息与事实存在偏差，或前后不一致，或政府部门发布的不同信息给受访者造成的心理影响有关。

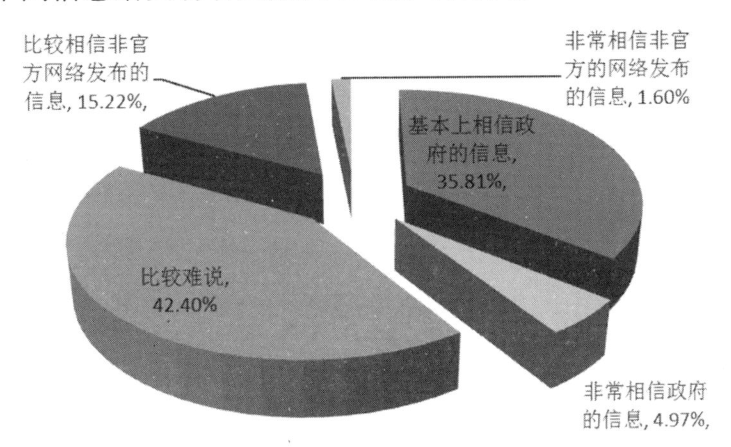

图 6—4　受访者对官方与非官方发布的食品安全网络信息信任度的比较

6.2.5 食品安全网络舆情的影响程度

图 6—5 显示了受访者受食品安全网络舆情影响程度的统计性数据。虽然仅有 19.26% 的受访者表示基本或完全不受影响，而且仍然有 64.53% 的受访者表示受食品安全网络舆情的影响程度较轻，但分别有 1.69%、30.06%、48.99% 的受访者选择非常有影响、有一定影响、有些影响，三者的比例之和高达 80.74%。这充分说明，食品安全网络舆情对人们的影响程度正在逐步加大。

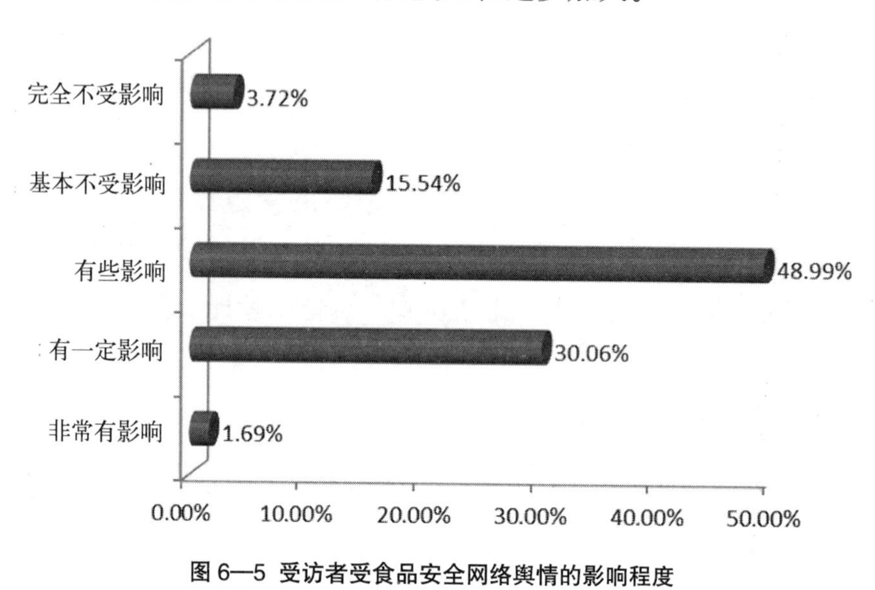

图 6—5 受访者受食品安全网络舆情的影响程度

6.3 食品安全网络舆情的参与性

这一部分主要从受访者对网络舆情中的食品安全负面报道、食品安全网络舆情中的热门事件、对食品安全网络舆情持不同看法时 3 个方面的参与行为，以及受访者就政府保护网民对食品安全网络舆情的参与行为、政府对网络上出现的批评性帖子采取相关行为等的评价，来初步分析 3 个城市 592 个受访者的相关参与行为。

6.3.1　对网络舆情中的食品安全负面报道的参与行为

对网络舆情中出现的食品安全负面报道的态度，44.93% 的受访者表示“比较关注”，会与周围人讨论，比例在受访者中最大；“一般关注”、浏览网络的受访者占比为 37.16%；而“不太关注”、“极少关注”的受访者比例非常接近，分别为 7.43%、7.60%；“非常关注”、积极参与讨论的受访者比例最低，为 2.88%。52.19% 的受访者对网络舆情中出现的食品安全负面报道持不积极的参与态度。

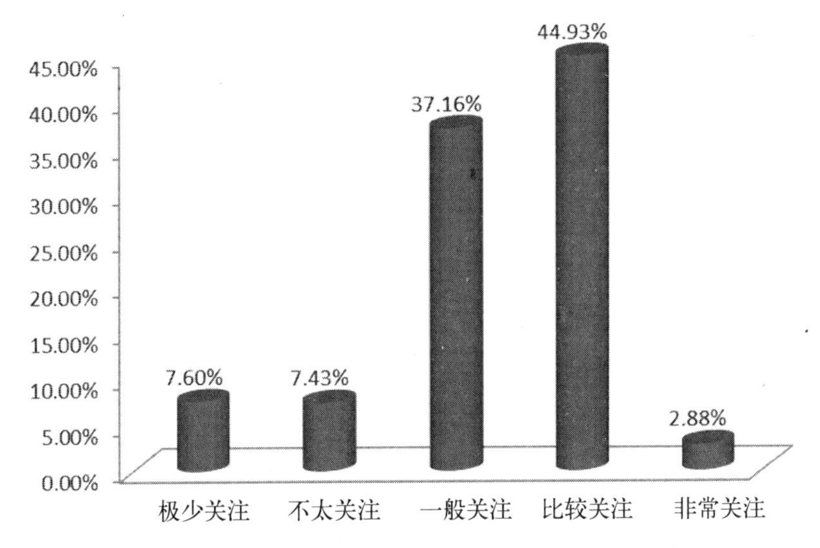

图 6—6　受访者对网络舆情中出现的食品安全负面报道的参与行为

6.3.2　对食品安全网络舆情中热门事件的参与行为

对于食品安全网络舆情中出现的热门事件，49.66% 的受访者表示能够理性分析，但不一定发帖，几乎占受访者比例的一半；表示感叹、做不发帖的看客的受访者比例为 35.47%；比较关注、顶帖并分享，强烈谴责、顶帖并分享和非常不关注的受访者比例均相对较小，分别为 7.77%、4.05%、3.05%。因此，对食品安全网络舆情中出现的热门事件，受访者通过顶帖方式参与的比例（11.82%）并不高。

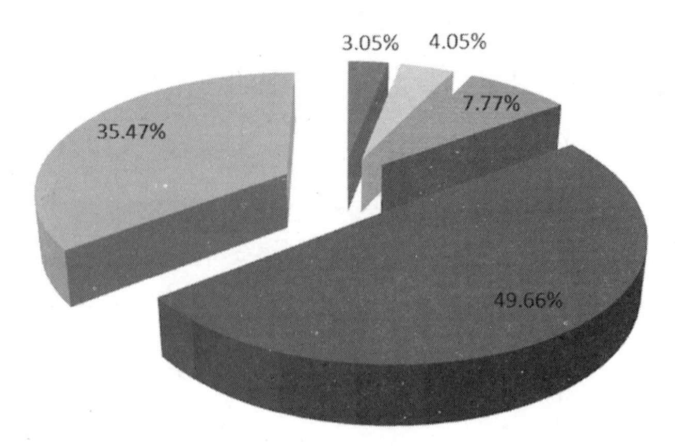

图 6—7 受访者对食品安全网络舆情中热门事件的参与行为

6.3.3 对食品安全网络舆情持不同看法时的参与行为

图 6—8 的数据显示，当回答“在网络讨论中针对多数人对某一食品安全热门事件持同一种态度，而自己认为他们的观点并不正确，自己将采取何种参与方式”时，分别有 12.83% 和 9.12% 的受访者表达了肯定发帖、勇于表达自己的不同意见以及会发帖、愿意表达自己的不同意见的意愿；“基于大多数人的意见一致，肯定有其道理”，而选择肯定不会发帖和基本不会发帖的受访者比例分别为 22.97%、24.00%。总之，约有 46.97% 的受访者倾向接受大多数人的意见，21.95% 的受访者表示愿意表达不同意见，31.08% 的受访者则表示看情况而定，可能会发帖表达意见。接受食品安全网络舆情中大多数人意见的“羊群效应”[①]，可能将成为未来食品安全网络舆情中的常态。

---

① “羊群效应”原义是指管理学上一些企业的市场行为的一种常见现象，描述经济个体的从众、跟风心理。一般出现在一个竞争非常激烈的行业上，而且这个行业上有一个领先者（领头羊）占据了主要的注意力，整个羊群就会不断模仿这个领头羊的一举一动，领头羊到哪里去吃草，其他的羊也去哪里淘金。目前，“羊群效应”已广泛应用于社会学、心理学领域。由于理性的有限性，而且往往具有从众心理，在信息不对称的情况下，人们容易产生“羊群行为”。

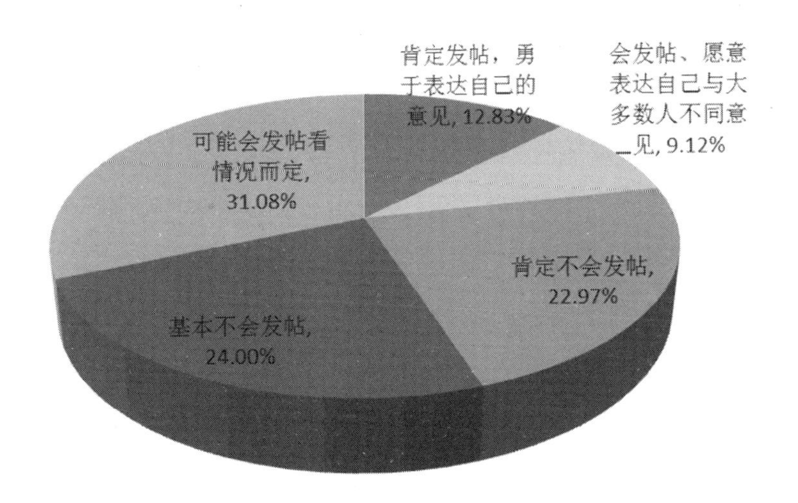

图 6—8 受访者对食品安全网络舆情持不同看法时的参与行为

6.3.4 对政府保护网民食品安全网络舆情参与行为的评价

分别有 30.74%、20.61% 的受访者认为，政府比较好或非常好地保护了网民参与食品安全网络舆情的正常行为；33.79% 的受访者认为一般；10.47% 和 4.39% 的受访者分别认为，政府在此方面做得比较差或非常差。整体上看，受访者对政府在保护网民的食品安全网络舆情参与行为方面较为满意。

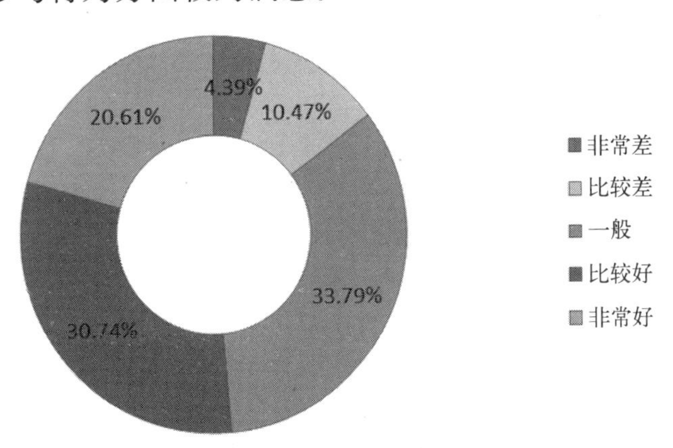

图 6—9 受访者对政府保护网民食品安全网络舆情参与行为的评价

6.3.5 对政府对于网络上出现的批评性帖子采取相关行为的评价

被询问到“当网络上出现因为食品安全问题批评政府的帖子时，政府是否简单地采取删帖、关闭论坛等方式”时，分别有14.19%、27.36%的受访者认为政府并没有简单地采取删帖、关闭论坛等方式，感到非常满意或比较满意。但也有高达35.14%的受访者认为政府在这方面的做法一般，同时，14.53%和8.78%的受访者则分别表示比较不满意或非常不满意政府的做法。因此，受访者基本满意政府对网络上出现的批评性帖子而采取的相关行为。

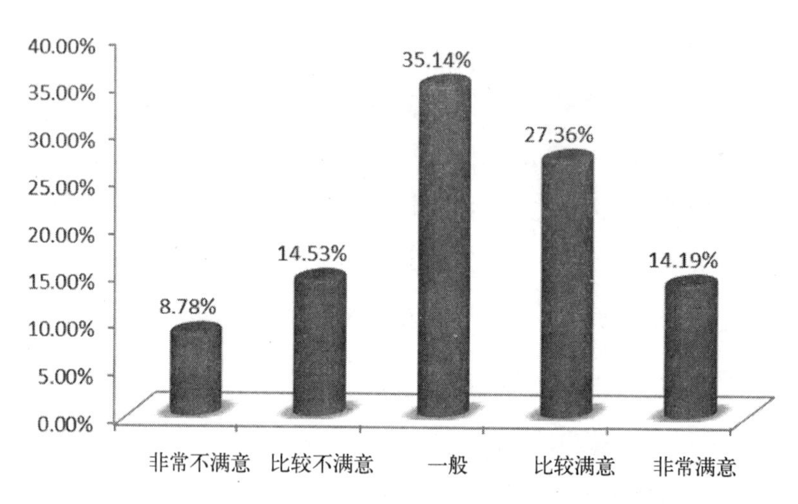

图6—10 受访者就政府对网络上出现的批评性帖子采取相关行为的评价

6.4 对政府食品安全网络信息真实性与运用网络能力的评价

受访者对政府食品安全网络信息真实性与运用网络能力的评价，是本次调查的重点，并汇总了如下6个问题展开初步的分析。

6.4.1　重大食品安全网络舆情发生时政府发布信息的真实性

图 6—11 的调查数据显示，当发生重大的食品安全网络舆情时，14.19% 的受访者认为政府发布的信息应该是非常真实的，回答“比较真实”、“相对真实”的受访者比例分别为 21.96%、37.84%，20.27% 的受访者认为不完全真实，仅有 5.74% 的受访者认为非常不真实。因此，总体上表明受访者对重大食品安全网络舆情发生时，政府发布信息的真实性表示比较认可。

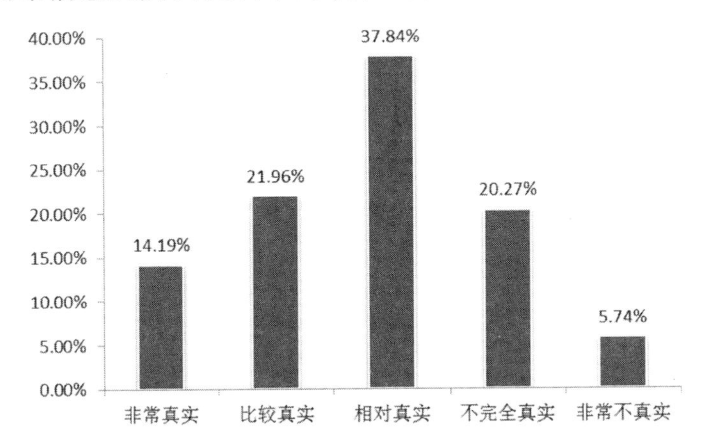

图 6—11　受访者对重大食品安全网络舆情发生时政府发布信息的真实性评价

6.4.2　政府公开食品安全事件敏感信息的透明度

图 6—12 的调查数据显示，28.04% 的受访者认为，政府相关部门完全公开了食品安全事件的敏感信息；33.17% 的受访者则认为，政府相关部门依据相关法律，可能没有完全公开敏感信息，以避免社会恐慌；26.29% 和 9.29% 的受访者分别认为，政府相关部门肯定隐瞒了某些敏感信息或隐瞒了全部敏感信息，以避免社会恐慌；只有 3.21% 的受访者认为，政府相关部门肯定隐瞒了全部敏感信息，以推卸政府责任。超出 50% 的受访者基本认可了政府公开食品安全事件敏感信息的透明度。

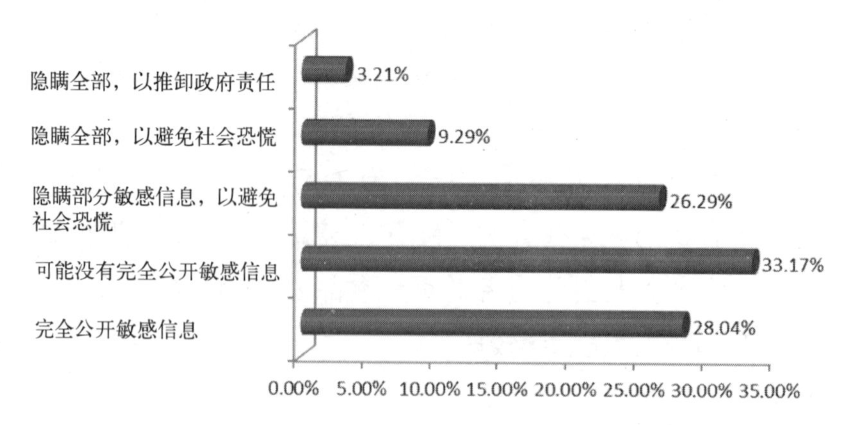

图 6—12 受访者对政府公开食品安全事件敏感信息的透明度评价

6.4.3 重大食品安全网络舆情出现后政府反应的敏捷性

分别有 11.15%、32.10% 的受访者认为，当重大食品安全网络舆情出现后，政府反应敏捷或比较敏捷；38.85%、13.51%、4.39% 的受访者则分别认为，政府反应的敏捷性一般或比较迟缓或很迟缓。超过 50% 的受访者，对重大食品安全网络舆情出现后政府反应的敏捷性评价不高。

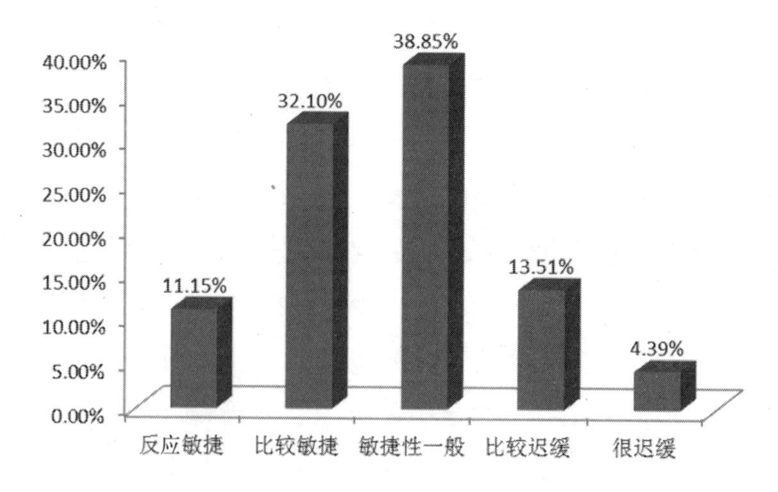

图 6—13 受访者对重大食品安全网络舆情出现后政府反应的敏捷性评价

6.4.4　政府通过网络及时发布食品安全预警信息的能力

31.08%的受访者认为，政府目前很少通过网络及时发布食品安全预警信息，能力相当差；53.04%的受访者认为，政府虽然有时通过网络发布了食品安全预警信息，但能力一般；12.84%的受访者认为，政府开始通过网络发布食品安全预警信息，能力逐步提高；仅有3.04%的受访者，对政府通过网络发布食品安全预警信息给出“能力比较强”的评价。也就是说，超过80%的受访者对政府通过网络及时发布食品安全预警信息的能力并不认可。因此，在网络普及的情况下，通过网络及时发布食品安全预警信息，最大程度地降低食品安全事件的危害，使政府面临巨大的考验。

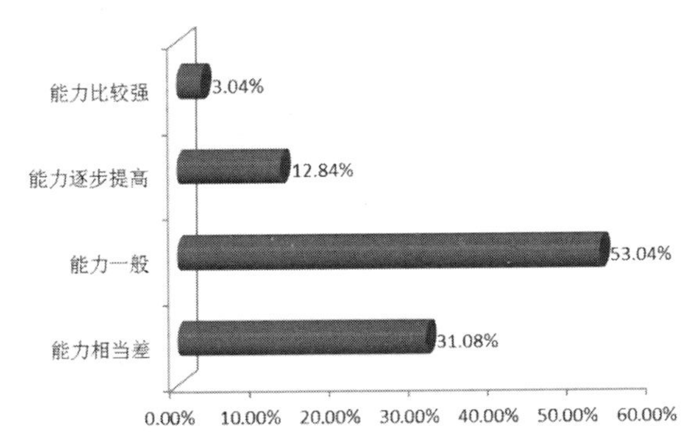

图6—14　受访者对政府通过网络及时发布食品安全预警信息的能力评价

6.4.5　政府引导食品安全网络舆情的能力

在回答“如何评价政府在引导食品安全网络舆情危机，避免演化为社会性危机事件，尽可能减少对经济社会秩序破坏方面的能力”时，40.54%的受访者认为目前政府在此方面的能力一般，分别有4.90%、21.79%的受访者认为政府在此方面能力很强或比较强，而认为政府在此方面能力比较差或很差的受访者比例分别为28.72%、4.05%。可见，73.31%的受访者并不认可政府引导食品安全网络舆情的能力，与受访者对政府通过网络及时发布食品安全预警信息能力的认可度非常类似。

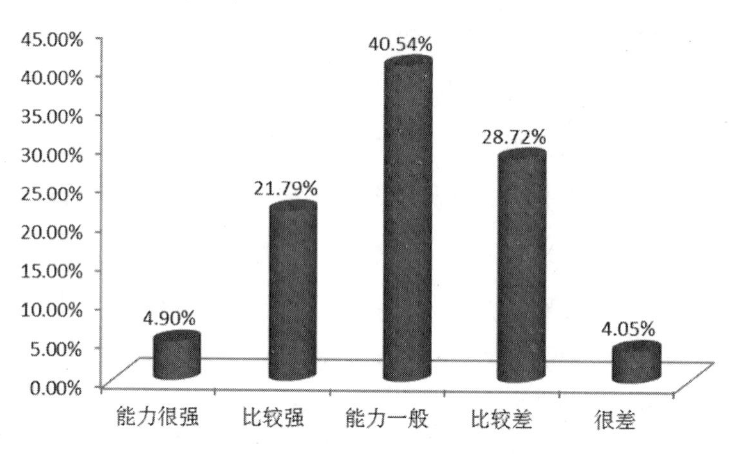

图 6—15 受访者对政府引导食品安全网络舆情的能力评价

6.4.6 政府对食品安全网络舆情中普遍关注问题的反馈情况

图 6—16 的调查数据表明，14.19%、30.07% 的受访者分别认为，政府针对食品安全网络舆情中网民普遍关注的问题，通过相关途径给予反馈与正面回答的情况非常好或比较好；同时，分别有 15.20% 和 6.08% 的受访者则认为比较不好或非常不好。因此，受访者就政府对食品安全网络舆情中普遍关注问题的反馈情况总体评价比较好。

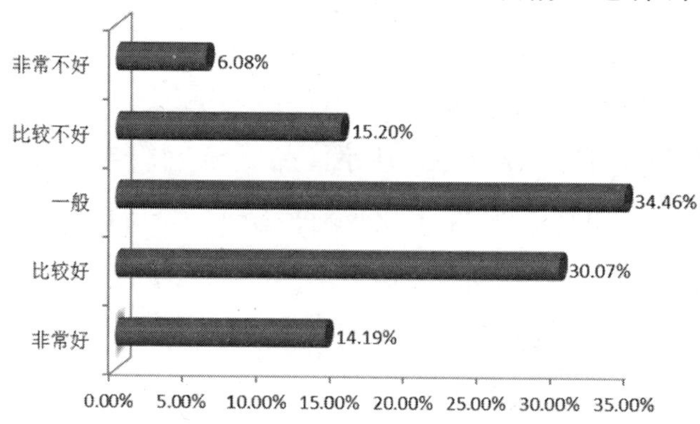

图 6—16 受访者对政府对于食品安全网络舆情中普遍关注问题反馈情况的评价

6.5 对政府管理食品安全网络舆情的建言

调查中设置了如下的5个问题，请受访者对政府如何管理食品安全网络舆情建言献策。主要内容归纳如下。

6.5.1 回答普遍性的批评政府言论

分别有14.53%、36.49%的受访者认为，政府食品安全监管部门非常有必要或有必要就食品安全网络舆情中普遍性的批评政府不作为的言论作出回答；35.47%的受访者认为，对政府普遍性的批评言论成因比较复杂，可能难以具体回答；分别有9.79%、3.72%的受访者则表示没有必要或完全没有必要。统计数据显示，至少超过50%的受访者认为，政府应该就食品安全网络舆情中普遍性的批评政府言论根据实际情况作出回答。

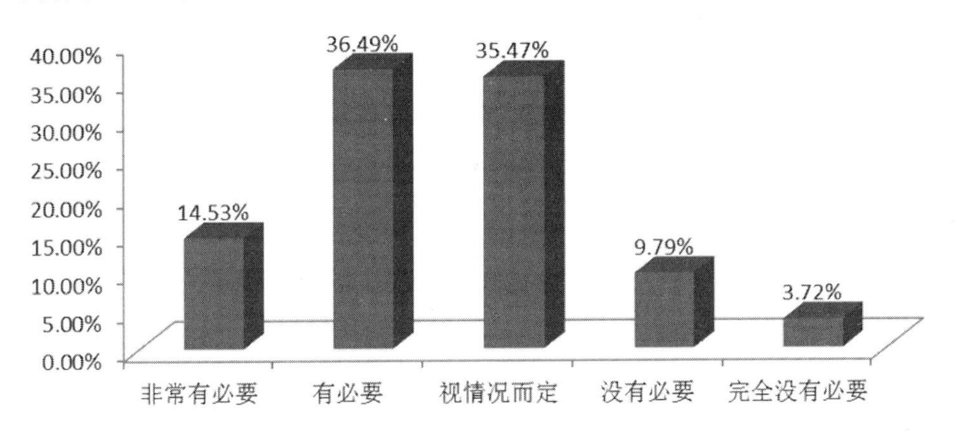

图6—17 受访者对政府就普遍性的批评政府言论作出回答的建议

6.5.2 通过网络就食品安全网络舆情中的突出问题与网民交流

分别有15.20%、32.43%的受访者认为，政府相关部门的负责人非常有必要或有必要通过网络就食品安全网络舆情中的突出问题与网民交流；26.35% 的受访者认为，目前的条件不完全具备，可视情况而定，但应该就食品安全网络舆情中的最突出问题与网民交流；分别有 18.24%、7.77% 的受访者认为没有必要或完全没有必要。

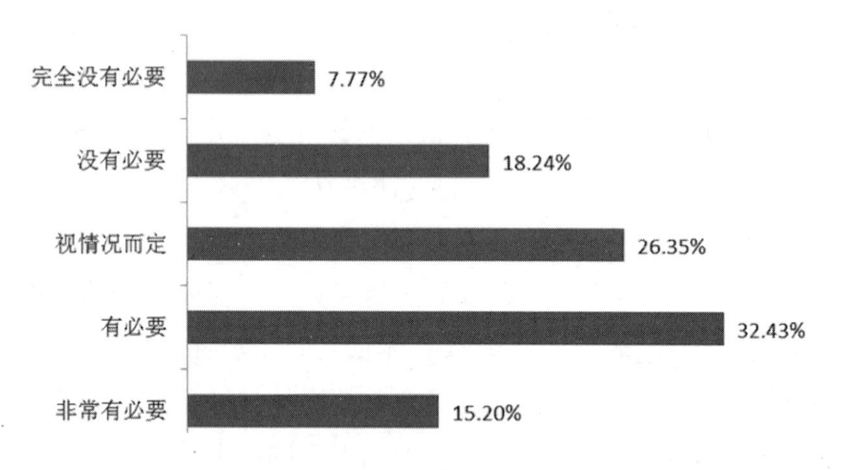

图 6—18 受访者对政府通过网络就食品安全网络舆情中的突出问题与网民交流的建议

6.5.3 设立专门的食品安全网络舆情新闻发言人

18.24%、32.77% 的受访者分别认为，在目前食品安全网络舆情发展迅速的情况下，政府食品安全监管的相关部门非常有必要或有必要设立专门的食品安全网络舆情新闻发言人，回答网络舆情中网民们普遍关注的食品安全问题，并向社会公布联系方式；有 31.42% 的受访者对此反映应视情况而定，逐步设立；13.85%、3.72% 的受访者分别认为暂时没有必要或完全没有必要。总体上，仍然有超过 50% 的受访者认为应该建立专门的食品安全网络新闻发言人制度。

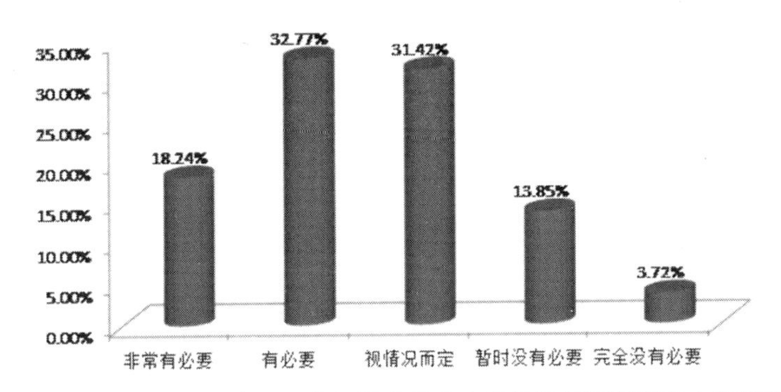

图 6—19 受访者对政府设立专门的食品安全网络舆情新闻发言人的建议

6.5.4 对网民网络言论的管理

分别有 14.02%、42.91% 的受访者认为，在法律框架范围内，政府完全不应该或不应该限制网民的网络言论；14.53%、5.07% 的受访者分别认为应有所限制或必须限制，尤其是针对不负责任的言论；21.47% 的受访者则表示，应该视情况而定，不能够一刀切。因此，约 57% 的受访者呼吁在法律框架范围内自由发表食品安全网络言论。

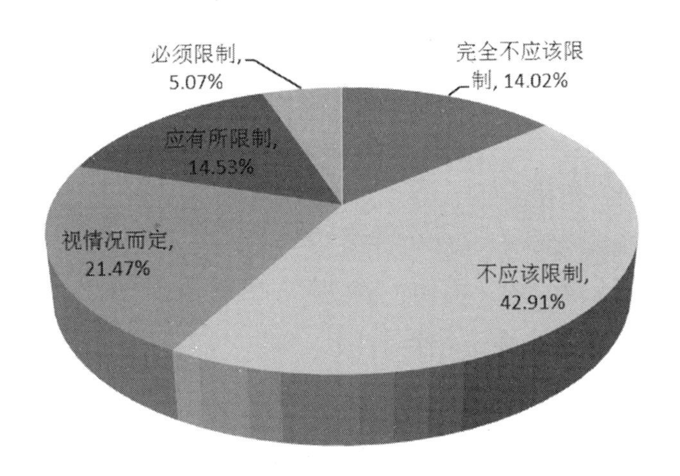

图 6—20 受访者对政府管理网民网络言论的建议

6.5.5 对受普遍质疑的食品质量安全问题的调查与结论处理

分别有14.70%、35.98%的受访者认为，政府非常有必要或有必要对网络舆情中普遍质疑的食品质量安全问题，快速进行调查证实，并给出客观、公正的调查结论；31.42%的受访者认为，应快速调查，但结论的公布应视受普遍质疑问题的复杂性而定；分别有11.82%和6.08%的受访者认为，网络舆情中普遍质疑的食品质量安全问题比较多，难以做到或有所选择地快速调查与公布结论。

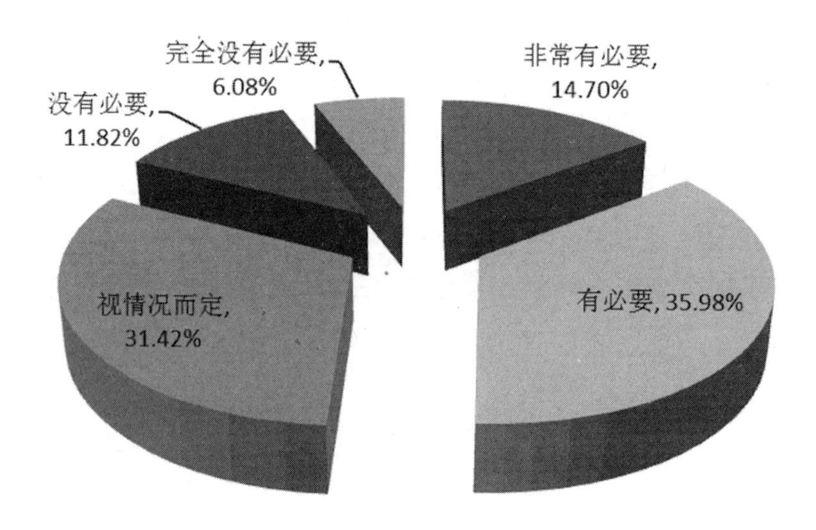

图6—21 受访者对网络舆情中普遍质疑的食品质量安全问题调查与结论处理的建议

6.6 主要结论

本章汇总了在合肥、福州、石家庄3个城市对592个受访者的调查情况。由于调查的城市相对有限，有些结论难免偏颇，问题设置不一定正确。但此调查还是在一定程度上反映了城市公众尤其是网民对食品安全网络舆情的关注，一些结论具有重要的参考价值。总结本章，可以得出如下结论。

6.6.1　食品安全网络舆情具有重要的影响力

超过半数的受访者认同目前网络舆情反映的我国食品安全现状具有真实性，大多数受访者在不同程度上受食品安全网络舆情的影响；国内影响较大的门户网站以及政府官方网站公布的有关食品安全信息，在受访者心中具有较高的影响力和权威性。虽然调查显示，超过半数的受访者对待网络媒体发布的食品安全网络舆情信息持较为理性的态度，但基于网络舆情对社会的影响力将继续强化的客观趋势，如何管理网络舆情、确保食品安全网络舆情的可靠性显得尤为迫切。

6.6.2　网民参与食品安全网络舆情中敏感问题的行为比较理智

调查显示，超过半数的受访者对网络舆情中出现的食品安全负面报道持不积极的参与态度；对食品安全网络舆情中出现的热门事件，通过顶帖方式参与的比例并不高；对食品安全网络舆情持不同看法时的参与行为也比较温和。但调查显示，目前在食品安全网络舆情中已出现"羊群效应"，并可能成为未来食品安全网络舆情中的常态。因此，食品安全网络舆情一旦失控，将对社会产生巨大的负面效应。

6.6.3　对政府发布的食品安全网络信息真实性与运用网络能力的评价并不高

调查显示，虽然在总体上表明受访者对重大食品安全网络舆情发生时，政府发布信息的真实性表示比较认可，也基本认可了政府发布食品安全事件敏感信息的透明度，但超过 50% 的受访者认为政府处理重大食品安全网络舆情的敏捷性不足，超过 80% 的受访者对政府通过网络及时发布食品安全预警信息的能力并不认可，同时也有超过 70% 的受访者并不认可政府引导食品安全网络舆情的能力。因此，政府应该高度重视引导、管理食品安全网络舆情的能力建设。

6.6.4 受访者对政府的能力建设要求也不高

从调查汇总的情况来分析，实际上受访者提出的多种建议，由政府相关食品安全监管部门来落实相对容易。比如，及时回答普遍性的批评政府言论、通过网络就食品安全网络舆情中的突出问题经常与网民交流、设立专门的食品安全网络舆情新闻发言人，以及对食品安全网络舆情中普遍质疑的问题快速展开调查与透明地公布结论。所有这些，既是政府的责任，也反映了网民参与社会建设的热情。

第七章
公众食品安全网络舆情参与度的研究报告

由于食品安全网络舆情传播的自由性和广泛性，失实、虚假信息甚至是谣传信息等极易通过网络在大范围内传播，而公众及媒体往往缺乏食品安全的专业知识，如果对网络舆情管理不当，食品安全网络舆情极易引发公众的食品安全恐慌，甚至危及社会稳定。规避食品安全网络舆情失控的经济风险、政治风险和社会风险，就成为防控食品安全社会风险的重要内容。因此，研究公众的食品安全网络舆情参与度，从理论上分析对食品安全网络舆情持不同态度的公众特征，对于一旦发生重大的食品安全网络舆情危机，引发公众的食品安全恐慌，甚至影响社会稳定时，政府采取积极的干预措施，具有积极的意义。

7.1 食品安全网络舆情可能产生的负面影响与政府责任

研究不同类型公众的食品安全网络舆情参与度，是为了更有效地防范食品安全网络舆情可能产生的负面影响，探讨政府有效管理的方法与路径。本章主要通过初步的文献回顾，梳理食品安全网络舆情可能产生的负面影响，并基于相关调查，评价目前政府在热点食品安全网络舆情事件中的适度反应能力，为运用因子分析与聚类分析的方法，研究对食品安全网络舆情持不同态度的公众特征奠定基础。

7.1.1 食品安全网络舆情可能产生的负面影响

食品安全网络舆情可能产生的负面影响是客观存在的。国内外学者对此展开了分析，认为食品安全网络舆情可能 生的负面影响主要表现在如下两个方面。

(1)容易产生群体极化倾向

目前，我国食品安全问题已成为全民关注的热点。这对反映民众要求改善食品安全的呼声、传播食品安全的科学知识、加强与食品安全监管部门的及时互动发挥了重要作用，日益成为公众参与食品安全监管的重要力量①。但网络舆情倾向于问题的揭露与现实批判，具有突发性，其传播容易出现群体极化倾向，能够形成更大的群体压力②③。对此，早在2003年，凯斯·桑斯坦的研究就指出，舆情传播中具有“协同过滤现象”(Collaborative Filtering)，通过信息的同类搜集和网址链接，在提供方便的同时导致了信息“窄化”，容易导致群体的极化现象和极端行为④。虽然网络媒体对食品安全发挥了重

① 李文、刘强：《食品安全网络舆情监测与干预策略研究》，2010年10月19日，见 http://zhengwen.ciqcid.com/lgxd/50415.html。

② 徐晓日：《网络舆情事件的应急处理研究》，《华北电力大学学报(社会科学版)》2007年第1期，第89、93页。

③ 王来华：《论网络舆情与舆论的转换及其影响》，《天津社会科学》2008年第4期，第66—69页。

④ 凯斯·桑斯坦：《网络共和国——网络社会中的民主问题》，黄维明译，上海出版集团2003年版。

要的舆论监督作用，但由于媒体往往缺乏食品安全的专业知识，甚至道德失范，极有可能传播虚假、失实信息。并且，近年来网民的互联网使用习惯出现显著变化，手机即时通信、手机微博、手机视频等移动互联网应用手段迅速扩散[①]，手机网民呈现出更加"情绪化"和"感性化"的现象[②]。如果手机用户进行评论的事件占到总发帖量的15%以上，该事件成为热点事件的可能性极大[③]。由于食品安全事关民众健康，因此，与一般舆情相比，食品安全网络舆情传播的时效性更强，传播的手段更新，传播的周期更短，单位时间内传播的信息量更大，对社会影响的覆盖面更广。

（2）容易引发公众的恐慌行为

如前所述，由于网络舆情容易导致群体的极化现象和极端行为，加之对网络舆情传播至少目前缺少规则限制和有效监督，一个食品安全热点事件的存在加上网民的情绪化意见，就极有可能成为点燃一片舆论的导火索，引发公众的食品安全恐慌甚至影响社会稳定。实际上，目前食品安全网络舆情传播中产生的问题和负面影响已十分突出，应关注食品安全网络舆情的公共性、危机性与随机性，避免引发相关的不良连锁反应[④][⑤]。公众恐慌是社会对重大危机事件的客观反映，但它的性质完全是负面的。如果不及时控制它的传播和流行，可能会对整个社会的危机事件管理造成不良影响[⑥]。目前

---

① 中国互联网络信息中心：《第29次中国互联网络发展状况统计报告》，见http://www.cnnic.net.cn/dtygg/dtgg/201201/t20120116_23667.html。

② 李彪：《网络舆情的传播机制研究——以央视新台址大火为例》，《国际新闻界》2009年第5期，第93—97页。

③ 喻国明、李彪：《2009年上半年中国舆情报告》，《山西大学学报（哲学社会科学版）》2010年第3期，第124—130页。

④ 言靖：《食品安全网络舆情视阈下的网络道德伦理建设》，《河南工业大学学报（社会科学版）》2011年第2期，第22—26页。

⑤ 王国华、汪娟、方付建：《基于案例分析的网络谣言事件政府应对研究》，《情报杂志》2011年第10期，第72—77页。

⑥ 张兰兰：《食品安全报道舆论监督的负面效应及其心理安抚——以"三鹿毒奶粉事件"和"蛆虫橘子事件"为例》，《洛阳师范学院学报》2009年第1期，第101—104页。

几乎所有的由食品安全网络舆情转化为现实社会压力并直接导致公众恐慌行为的实例，均与以手机为代表的移动互联网密切相关，其在公众食品安全恐慌行为中的作用越来越明显[①]，对公众食品安全恐慌的发展起到了推波助澜的作用，对社会的负面影响更为深远。

7.1.2 政府责任与目前在热点食品安全网络舆情事件中的适度反应能力评价

防控食品安全网络舆情可能产生的负面影响是政府的责任。基于客观需要，形成与建立在热点食品安全网络舆情事件中的适度反应能力，是现阶段政府执政能力的重要组成部分。

（1）**食品安全网络舆情中的政府责任**

网络危机的发生更可能涉及公众利益[②]，是网络社会中政府面临的新型危机[③]。网络舆情是社会不同领域在网络上的不同表现，有政治舆情、法制舆情、道德舆情、消费舆情等[④]，食品安全网络舆情也是如此。由于食品安全风险的客观存在，而且由于现阶段我国食品安全事件频发，人们的食品安全需求无法全部在现实中实现，而网络正好发挥它巨大的力量，人们便寄希望于网络并通过网络发表言论。但部分网民的价值观可能被“西化”、“淡化”、“俗化”后容易产生道德认知的偏差，同时，不法分子也极有可能利用网络造谣生事。因此，政府应该积极做好防范工作，努力防范有害信息入侵，净化网络空间，并按照相关法律法规，通过提升网络技术、构筑信息关卡

① 李彪：《网络舆情的传播机制研究——以央视新台址大火为例》，《国际新闻界》2009年第5期，第93—97页。

② David L.Sturges, Bob J.Carrell, “Crisis Communication Management: the Public Opinion Node and Its Relationship to Environmental Nimbus” ,*Sam Advanced Management Journal*,2001.

③ 谢金林：《网络空间政府舆论危机及其治理原则》，《社会科学》2008年第11期，第28—35页。

④ 苏云升、周如俊：《网络舆情与思想政治教育》，《广东青年干部学院学报》2005年第12期，第73、74页。

来堵截和控制有害信息[①]。应建立网络舆情的应急联动机制，从食品安全网络舆情时效性、针对性、互动性更强的特点以及网络信息内容的真实性和可靠性不稳定的实际出发，建立以政府为主导的食品安全网络舆情干预策略，在正面引导和形成舆论强势等方面实施食品安全网络舆情的引导控制与监督管理[②③]。

(2) **政府在热点食品安全网络舆情事件中的适度反应能力评价**

政府管理食品安全网络舆情的有效性，首先取决于政府对网络舆情的反应能力。互联网已成为思想文化信息的集散地和社会舆论的放大器，公众对社会公共事件的注意力可以在网络上迅速集结和持续放大，这也使得政府面临着前所未有的系列网络舆情危机事件的挑战：一方面，网络不断改变着现代社会的生活方式，这也为政府提高办事效率、了解民情提供了一个高效的平台；另一方面，由社会事件在网络上扩散和传播导致的网络舆情危机，成为世界各国政府面对的重大时代课题。而中国政府面临的情况则更为严峻。一是中国网民数量庞大。2011 年 1 月 19 日，中国互联网络信息中心 (CNNIC) 发布的《第 27 次中国互联网络发展状况统计报告》显示，截至 2010 年 12 月底，中国网民规模达 4.57 亿，居世界第一位；互联网普及率攀升至 34.3%。二是中国网民的网络参与意识强烈。据人民网 2009 年关于网络监督的一项网上调查显示："参与调查的网民有 87.9% 非常关注网络监督，当遇到社会不良现象时，93.3% 的网民选择网络曝光。"而食品安全问题则因为与民众生活贴近，成为

---

① 曾长秋、吴仁喜、代海云：《近五年国内学者网络舆情研究述评》,《思想政治教育研究》2011 年第 8 期，第 13—18 页。

② 陶建杰：《完善网络舆情联动应急机制》,《党政论坛》2007 年第 9 期，第 28—30 页。

③ 李文、刘强：《食品安全网络舆情监测与干预策略研究》，2010 年 10 月 19 日，见 http://zhengwen.ciqcid.com/lgxd/50415.html。

网络最为关注的社会事件之一。本章继续采用在安徽合肥、福建福州、河北石家庄3个省会城市获取的592个有效样本，就我国政府在食品安全网络舆情事件中的适度反应能力展开初步的评价。

食品安全网络舆情热点事件中政府的适度反应问题，可以从反应态度（认知度、重视度、宽容度3个指标）、反应速度（信息公开速度、事件处理速度2个指标）、反应程度（广度、深度、力度3个指标）和反应效度（经济效率、社会效益、政治效果4个维度）来综合反映。经计算、分析，592个受访者网民样本对食品安全网络舆情热点事件中政府适度反应的评价情况见表7—1。

表7—1 对食品安全网络舆情热点事件中政府适度反应的评价

反应态度	反应速度	反应程度	反应效度
2.980±.658	3.273±.860	3.268±791	3.334±.831

表7--1包括了反应态度、反应速度、反应程度、反应效度的平均数和标准差。进一步对各维度的平均数（3）进行单样本T检验，结果表明：反应速度、反应程度、反应效度3个维度显著积极（$p<0.001$），说明受访者网民样本相信政府有能力管理食品安全网络舆情。问题是反应态度维度上显著消极（$p<0.001$），反映了受访者网民样本认为政府虽然有能力管理食品安全网络舆情，但态度上明显消极。

7.1.3 本章的研究视角

目前，我国食品安全网络舆情的影响日益广泛且正向纵深发展，网络舆情的主体层次多样，内容纷繁复杂，模式机动多变，在发挥公众参与食品安全监管积极作用的同时，负面效应日益凸显。化解食品安全网络舆情对社会的负面影响，治本之道是从源头上关心民生，切实解决食品安全管理中存在的问题，有效防控食品安全风险。然而，食品安全是一个全球性难题，而且对处于深刻变革中的中国而言，提高食品安全总体水平、最大程度地降低食品安全风险、彻底防控食品安全隐患，是一个长期、复杂的过程，不可能一蹴而就。因此，在今后一个相当长的时期，食品安全网络舆情将持续发展，对社会的影响将持续扩大。在发挥食品网络舆情作为公众参与食品安全监管平台的作用的同时，政府必须综合运用技术、法律、教育等手段，"堵"、"疏"结合，科学、规范地加强管理，因势利导地促进食品安全网络舆情的健康发展。

对于如何加强政府对食品安全网络舆情的科学管理，既保护网民参与食品安全监督的积极性，又防控食品安全网络舆情的群体极化倾向，以及可能产生的恐慌行为等负面社会影响的蔓延，进而促进社会的稳定，现有的研究显然相对空泛。总体而言，由于目前主要基于社会学、传播学等研究结论的基础给出了框架性对策建议，缺乏完整的管理思路，尚不足以给政府的规范管理提供理论支撑。而系统管理思路的提出，首先需要深入剖析并回答一些最基本的问题，比如，哪些网民更容易受网络舆情的影响、哪些网民更倾向于非官方的网络媒体、哪些网民更容易传播虚假信息等。因而，了解食品安全网络舆情的规律，把握参与食品安全网络舆情的网民特征，在充分发挥食品安全网络舆情的作用，使之成为公众参与食品安全监管的主要载体、反映社会食品安全网络舆情重要平台的同时，有的放矢地进行科学、规范与人性化的管理，是政府管理食品安全网络舆情必须首要解决的最基本、最现实的问题。这就是研究的意义与价值所在。本章的研究将试图初步解决其中的一些问题，推动此领域研究的深入展开。

7.2 数据来源与研究方法

本章的研究继续采用在安徽合肥、福建福州、河北石家庄3个省会城市获得的592个有效样本，并基于聚类分析的方法展开研究。

7.2.1 问卷设计

为了聚类分析参与食品安全网络舆情网络的网民特征等，本《研究报告》研究前期在合肥、福州、石家庄的调查问卷中，设计了如下7个方面的问题[①]，请熟悉网络的受访者（以下简称网民）根据自身判断作出相应陈述：(1)现阶段网络舆情描述的食品安全现状的真实性；(2)对网络舆情中的食品安全负面报道的参与行为（比较关注、与周围人讨论）；(3)对食品安全网络舆情中热门事件的参与行为（比较关注、顶帖并分享，强烈谴责、顶帖并分享等）；(4)对食品安全网络舆情信息真实性的认同度；(5)食品安全网络舆情的影响程度；(6)对食品安全网络舆情持不同看法时的参与行为（如果认为他们的观点不正确，会发帖或跟帖提出相反意见等）；(7)假设出现一个食品安全热门事件，当政府发布的信息与非官方的网络发布的信息不一致时，更倾向于相信非官方的网络发布的信息。调查问卷对上述7个问题给出了1、2、3、4、5共5个不同程度的答案，"1"表示最低的同意（认同）度，"5"表示最高的同意（认同）度，请受访者回答。

7.2.2 研究方法

对592个有效样本问卷进行统计与数据处理后，运用因子分析与聚类分析相结合的方法展开研究。

(1)因子分析法

① 具体的调查报告等，参见本书第六章《食品安全网络舆情的公众调查报告》的有关内容。

通过问卷调查获得影响网民对待食品安全网络舆情态度的 7 个指标的样本值(即与网络舆情相关的 7 个陈述的同意度)，运用因子分析法，检测网民对食品安全网络舆情的态度。

因子分析法在 1904 年由心理学家 Chales Spearman 提出，其基本思想是用少数几个潜在指标(因子或主成分)的线性组合，来表示实际存在的多个指标，即以最少的信息丢失把众多的观测指标浓缩为少数几个因子。

因子分析法的基本原理和分析步骤如下：

计算所有变量的相关矩阵

设对某项经济现象影响因素的分析有 k 个指标(观测变量)，分别为 $x_1, x_2, \ldots, x_k$，其中 x_i 为具有零均值、单位方差的标准化变量(任何一个变量都可以变换为标准化变量)，对 n 个样本来说，共有 $n \times k$ 个数据。设 R 为观测变量的相关系数矩阵，在进行因子分析前，计算 KMO(Kaiser-Meyer-Olkin) 值，以判断应用因子分析方法是否合适。一般而言，KMO 检验通过比较各变量间简单相关系数和偏相关系数的大小，判断变量间的相关性，偏相关系数远小于简单相关系数，相关性愈强，KMO 值愈接近 1。一般认为，KMO 值在 0.9 以上、0.8—0.9、0.6—0.8、0.5—0.6、0.5 以下，分别表示非常适合、比较适合、一般、不太适合和极不适合[①]。

求解初始因子(主成分)

对于相关系数矩阵 R，存在实数 λ、非零的向量 V，可推导出如下等式：

$$RV = \lambda V$$

λ 称为矩阵 R 的特征值，V 称为矩阵相应于 λ 的特征向量。

① Kaiser H F, “An Index of Factorial Simplicity” ,*Psychometrika*, 1974, 39:pp. 31-36.

通过求解特征方程

$Det(R-\lambda I)=0$

得到 R 的 k 个从大到小排列的特征值：$1_1>1_2>\cdots 1_k>0$，

求出矩阵 R 的对应特征值的特征向量：$V_1,V_2,\cdots,V_K$。

$V_i=(v_{1i},v_{2i},\cdots,v_{ki})'\quad(i=1,2,\cdots,k)$

由于 V_i 满足 $RV_i=\lambda_i V_i$，则 $V=(V_1,V_2,\cdots,V_K)$ 为正交阵，满足

$VV'=V'V=I$

令 $Q=diag(\lambda_1>\lambda_2>\cdots,\lambda_k)$，则有 $RV=VQ$ 和 $R=VQV'$

令 $f=V'X$，则 f 的协方差阵

$$\begin{aligned}M=E[EF']&=E[V'XX'V]=V'E[XX']V\\&=V'RV\\&=Q=diag(\lambda_1>\lambda_2>\cdots,\lambda_k)\end{aligned}$$

第 p 个主成分 $f_p=V_p{}'X$

变量 x_i 与主成分 f_p 之间的相关系数，即因子负载为：$a_{ip}=v_{ip}\sqrt{1_p}$

每个主成分所解释的方差等于所有变量在该主成分上负载的平方和。

最终，根据特征值>1 提取公因子（主成分）。

解释因子

运用方差最大法进行因子旋转，使每个因子具有最高载荷的变量数最小，这样可以起到简化解释因子的作用，并有利于对每个因子进行恰当的解释。方差最大法通过使下式达到最大，求得因子解。

$$V=\sum_{j=1}^{m}[k\sum_{i=1}^{k}b_{ij}{}^4-(\sum_{i=1}^{k}b_{ij}{}^2)^2]/k^2$$

求解因子值

第 p 个公因子在第 i 个样本案例上的因子值可以表示为：

$$f_{pi}=\sum_{j=1}^{k}w_{pj}x_{ji}$$

其中，x_{ji} 是第 j 个变量在第 i 个案例上的值，w_{pj} 是第 p 个因子和第 j 个变量之间的因子值系数。

（2）聚类分析法

根据因子分析法得到每个公因子在各个样本上的因子值，就可以把公因子作为变量进行迭代聚类分析，将参与食品安全网络舆情的网民归类分组。

聚类分析是根据事物本身特性来研究个体分类的统计方法，按照物以类聚的原则来研究事物的分类。聚类分析的基本步骤如下：

选择变量

聚类分析要求变量之间不相关，经过因子分析得到的变量，是不相关变量，满足聚类分析对变量的基本要求。

计算相似性

运用距离测度计算变量之间的相似性，计算欧式距离：

$$d_{ij}=\sqrt{\sum_{k=1}^{m}(x_{ik}-x'_{jk})^2}$$

其中，d_{ij} 表示案例 i 和案例 j 之间的距离，x_{ik} 表示第 i 个案例在第 k 个变量上的值。距离越近的点，相似程度越高，聚类时更可能归为一类。

距离测度应满足下列 3 个条件：

$d_{ij}=d_{ji}\geq 0$，即距离具有对称性；

$d_{ij}\leq d_{ik}+d_{jk}$，即三角不等式，任意一边小于其他两边之和；

如果 $d_{ij}\neq 0$，则 $i\neq j$，即案例 i 和案例 j 不等同。

聚类

在层次聚类法和迭代聚类法中，迭代聚类法速度快，适用于大样本的聚类分析。迭代聚类法的聚类过程如下：

指定要形成的聚类数，对样本进行初始分类并计算每一类的重心，SPSS 统计软件能够较好地估计初始聚类中心，进行初始分类；

调整分类，计算每一个样本点到各类重心的距离，把每个样本点归入距重心最近的那一类；

重新计算每一类的重心；

重复上述后两个步骤，直到没有样本点可以再调整为止。

对聚类结果的解释和证实

对聚类结果作解释是对各个类的特征进行描述，给每个类起一个合适的名称。

通过比较，分析各个类在各聚类变量上的均值，对聚类结果进行证实，保证聚类解是可信的。如果随机选用不同的初始聚类中心，重复用迭代聚类法进行聚类，得到基本相同的聚类结果，则表明聚类解是稳定的。

7.3 结果分析

运用上述方法与调查数据，可以进行相关的分析。

7.3.1 网民对食品安全网络舆情的态度

在进行因子分析之前，检测网民对待食品安全网络舆情态度的 7 个指标间的一致性效果，得到阿尔法系数（alpha）值为 0.67，表明整体的内部一致性比较好。应用 SPSS 软件对标准化后的数据进行因子分析，得到反映网民态度的各指标的初始主成分。首先，因子分析的 KMO 测度值为 0.66，说明应用因子分析方法研究网民对食品安全网络舆情的态度是比较适合的。

表7—2 全部解释变量

主成分	初始特征值			因子对方差的解释			旋转后因子对方差的解释		
	特征值	贡献率	累计贡献率	特征值	贡献率	累计贡献率	特征值	贡献率	累计贡献率
1	2.088	29.829	29.829	2.088	29.829	29.829	1.582	22.604	22.604
2	1.168	16.679	46.508	1.168	16.679	46.508	1.509	21.558	44.162
3	1.022	14.595	61.103	1.022	14.595	61.103	1.186	16.940	61.103

在所得结果的基础上，根据特征值大于 1，提取 3 个公因子，对各个因子作最大方差正交旋转，结果见表 7—2，旋转前后提取因子的结果见表 7—3。据此，可以将网民对待食品安全网络舆情的态度归纳为三类(即特征值大于 1 的 3 个公因子)，共占总方差的 61%。第一个因子与网民高度关注且积极参与食品安全网络舆情高度正相关，这个因子解释了 23% 的总方差，可以命名为“关注且积极参与食品安全网络舆情”。第二个因子“信任食品安全网络舆情”，解释了 21% 的总方差，与网民认为食品安全网络舆情反映了真实的食品安全状况以及认可网络媒体的真实性高度正相关。第三个因子解释了 17% 的总方差，可以称为“受影响且更信任非官方网络信息”，因为它与网民受其他人对食品安全言论的影响，以及当政府发布的信息与非官方网络发布的信息不一致时更倾向于相信非官方网络发布的信息高度正相关。

表7—3 因子载荷矩阵

网民对食品安全网络舆情的态度	旋转前			旋转后		
	1 关注且积极参与食品安全网络舆情	2 信任食品安全网络舆情	3 受影响且更信任非官方网络的信息	1 关注且积极参与食品安全网络舆情	2 信任食品安全网络舆情	3 受影响且更信任非官方网络的信息
现阶段食品安全网络舆情描述的食品安全现状的真实性	.507	—.630	—.068	.031	.811	—.022
对食品安全网络舆情信息真实性的认同度	.594	—.570	.013	.088	.813	.098
对食品安全网络舆情中的食品安全负面报道的参与行为	.723	.055	.018	.525	.396	.305
对食品安全网络舆情中热门事件的参与行为	.638	.344	—.305	.773	.129	.056
食品安全网络舆情持不同看法时的参与行为	.522	.500	—.327	.790	—.064	.032
食品安全网络舆情对自身的影响程度	.452	.186	.342	.264	.114	.523
更倾向于相信非官方网络发布的信息	.268	.201	.837	—.079	—.031	.897

7.3.2 聚类分析与不同类型网民的个体特征

在上述研究的基础上，可以就网民对食品安全网络舆情的不同态度进行聚类，并由此分析网民的群体特征。

(1)**对持不同态度网民的聚类和分组**

将因子分析中得到的网民对食品安全网络舆情的3种态度(即公因子)作为聚类变量，样本值为各公因子的因子值，计算各样本之间的相似性，并进行迭代聚类分析，结果见表7—4。

表7—4 随机选择初始聚类中心的迭代聚类结果

	均　值		
	关注且积极参与食品安全网络舆情	信任食品安全网络舆情	受影响且更信任非官方网络信息
初始聚类中心			
1	1.13212	2.04806	—1.25478
2	—2.66945	—2.90650	1.94713
最终聚类中心			
1	1.20132	1.55181	—2.33774
2	—1.30369	—2.83240	2.22389

比较各类在各聚类变量上的均值，初始聚类中心与最终聚类中心得到的聚类结果基本相同，表明聚类解是稳定的。聚类解表明，对待食品安全网络舆情存在着两类态度截然不同的网民。其中,“1”类网民信任、关注并积极参与食品安全网络舆情，包括关注且积极参与网络舆情的网民、信任网络舆情的网民两个层次。“2”类网民不信任、不关注也不积极参与食品安全网络舆情，但容易受网络上其他人对食品安全的言论的影响；而且当政府发布的信息与非官方的网络发布的信息不一致时，此类网民比较信任非官方的食品安全网络舆情的信息。

(2)不同类型网民的个体特征

根据聚类结果，可以将“1”类网民称为“信任型网民”(信任并积极参与食品安全网络舆情)，占总样本的60%；将“2”类网民称为“相对不信任型网民”(不信任、不关注也不积极参与食品安全网络舆情)，占总样本的40%。可以从网民个体特征统计的角度，考察上述两类不同网民的基本特征，结果见表7—5。

第一类网民(“1”类网民)的基本特征是：(1)男性网民多于女性；(2)年龄段大多处于18—35岁间；(3)学历以大专及以上为多数；(4)个体的年收入较高(年收入在3万元及以上的比例最高，达到37.1%，明显高于第二类网民)。

表7—5 不同态度网民的特征

网民特征	组1，占60%，信任并积极参与网络舆情	组2，占40%，不信任、不关注也不积极参与网络舆情
网络舆情的态度因子★		
关注且积极参与网络舆情	1.201	—1.304
信任网络舆情	1.552	—2.832
受影响且更信任非官方网络信息	—2.338	2.224
性别		
女性	46.1%	55.9%
年龄★		
18—35岁	77.0%	73.7%
36—45岁	17.6%	12.3%
46—60岁	5.4%	10.6%
61岁及以上	0%	3.4%
学历★		
初中或初中以下	2.5%	6.4%
高中(包括中等职业)	5.3%	29.2%

续表

网民特征	组 1，占 60%，信任并积极参与网络舆情	组 2，占 40%，不信任、不关注也不积极参与网络舆情
大专	28.1%	16.1%
本科	52.9%	45.8%
研究生	11.2%	2.5%
收入 *		
1 万元及以下	33.7%	51.7%
1—2 万元之间	10.7%	16.1%
2—3 万元之间	18.5%	14.4%
3—5 万之间	16.9%	7.6%
5 万元以上	20.2%	10.2%

注：表中 * 表示在 0.05 水平上显著。

第二类网民（“2”类网民）的态度是不信任、不关注也不积极参与食品安全网络舆情，但此类网民更容易受食品安全网络上其他人有关食品安全言论的影响，且当政府发布的信息与非官方的网络发布的信息不一致时，此类网民比较信任非官方网络的信息。第二类网民的基本特征是：第一，女性略多于男性；第二，年龄段虽然大多也处于 18—35 岁，但 46 岁以上网民所占比例明显高于第一类网民；第三，整体学历和收入显著低于第一类（高中包括中等职业学校及以下学历的网民占 35.6%）；第四，个体年收入相对较低（在 3 万元以下的网民占 82.2%）。

7.4 主要结论与政策含义

本章运用因子分析与聚类分析相结合的方法展开了初步的研究。结果表明，在目前的网络环境与食品安全事件较为频发的背景下，网民对食品安全网络舆情的态度主要有三种：第一，关注且积极参与食品安全网络舆情；第二，信任食品安全网络舆情，认为它反映了真实的食品安全状况，并认可网络媒体的真实性；第三，受食品安全网络舆情的影响且更信任非官方网络信息。根据网民对食品安全网络舆情的不同态度，基于聚类分析结果，可将网民分成比较信任型、相对不信任型两个类型。60% 的网民属于比较信任型，较为信任并积极参与食品安全网络舆情；40% 的网民属于相对不信任型，比较不信任、不关注也不积极参与食品安全网络舆情。

前述的研究表明，这两类不同类型的网民具有相对不同的个体特征。不同类型的网民特征隐含了较为丰富的政策内涵。年龄段在 18—35 岁、学历为大专及以上、年收入相对较高的网民，比较信任食品安全网络舆情。一旦发生重大食品安全事件并引发食品安全网络舆情危机时，政府可通过技术手段，锁定此类网民中的若干个网络意见领袖，并通过网络意见领袖运用各种有效的方法对食品安全网络舆情实施引导与干预。年龄段在 46 岁以上、学历和收入较低的网民群体，在发生重大食品安全事件并引发食品安全网络舆情危机时，更信任非官方网络的信息，也相对更容易产生食品安全的恐慌心理与行为。这需要政府在日常的食品安全网络舆情管理过程中，发挥国内影响较大的门户网站以及政府官方网站公布的有关食品安全的信息在公众心中具有较大影响力和较高权威性的优势，潜移默化地改善不信任、不关注也不积极参与食品安全网络舆情的网民的态度，规避产生重大食品安全网络舆情危机时，非官方网络信息可能产生的负面影响。

第八章

食品安全网络舆情与公众食品安全恐慌行为的分析报告

食品安全是世界性难题。基于风险社会理论视域与客观现实来考察，食品安全风险已由传统的自然界等外部因素直接导致的风险，转变为更多地表现在社会内部行为直接或间接导致的风险，实质上在我国更多地表现在由人为因素构成的风险[①]。近年来，国内食品安全事件频繁爆发，食品安全风险持续成为食品安全网络舆情关注的热点。由于人们的偏见以及部分媒体并不具有食品安全的专业知识，加之网络的泛在、传播的自由性和广泛性，失实、虚假信息甚至是谣传信息等极有可能得到大范围传播，并可能引发公众食品安全恐慌，甚至危及社会的稳定[②]。然而在现阶段，食品安全网络舆情的传播是否有可能产生公众食品安全恐慌？如果有少数公众在不同

① 栗晓宏：《风险社会视域下对食品安全风险性的认知与监管》，《行政与法》2011 年第 6 期，第 25—28 页。

② 刘文、李强：《食品安全网络舆情监测与干预策略研究》，见 http://zhengwen.ciqcid.com/lgxd/50415.html。

程度上产生食品安全恐慌行为，这类公众具有什么基本特征？这是现实关注的重要问题。

8.1 研究视角

绝大多数食品安全事件是由生产经营过程中人为违法违规行为所致，这是近年来中国发生的食品安全事件的突出特点。尤其是人为滥用食品添加剂[①]甚至非法恶意添加非食用物质[②]引发的食品安全事件持续不断[③]，已成为食品安全事件的主体和公众最担心的食品安全风险。表8—1记录的是2011年发生的较为典型的食品中添加剂滥用与非食用物质恶意添加引发的食品安全事件。如何化解人为滥用食品添加剂与恶意添加非食用物质可能引发的公众恐慌行为，就成为风险社会背景下政府必须思考的重要问题。已有的研究发现，当发生食品安全风险恐慌时，公众的风险感知水平的差异是影响其行为的关键因素[④]，因此，以公众对食品添加剂风险感知研究为案例，分析公众对食品添加剂安全风险的感知，探究在食品安全网络舆情深入发展的背景下引发公众食品安全恐慌行为的关键因素，研究应对的策略以确保社会的稳定，无疑是非常重要的。

---

① 滥用食品添加剂，是指超限量、超范围使用食品添加剂以及使用伪劣、过期的食品添加剂。

② 目前对非食用物质尚没有完整的界定。根据作者的理解，本章所指的非食用物质，主要是指制作食品时加入了国家法律允许使用的食品添加剂、食品配料等以外的化学物质。

③ Li, Q., Liu, W., Wang, J., et al., "Application of Content Analysis in Food Safety Reports on the Internet in China", *Food Control*, 2011, 22(2):pp.252-256.

④ Lobb A E, Traill W B, Mazzocchi M, McCrea M, " Food Scares and Trust: A European Study", *Jouranl of Agricultural Economics*, 2008,59(1):pp.2-24.

表8—1 2011年食品中添加剂滥用与非食用物质恶意添加引发的食品安全事件

序号	爆发时间	问题食品	地点（执法部门或生产商）	问题物质
1	3月	猪肉	河南双汇集团	“瘦肉精”
2	4月	馒头	上海华联超市	柠檬黄、甜蜜素和防腐剂
3	4月	猪肉	湖南长沙高桥批发市场	“牛肉膏”
4	4月	生姜	湖北宜昌万寿桥某蔬菜批发市场	硫磺
5	4月23日	红薯粉	广东中山市质监局	墨汁、石蜡
6	5月	豆芽	辽宁沈阳的执法人员	亚硝酸钠、尿素、恩诺沙星、6—苄基腺、嘌呤激素
7	5月	西瓜	江苏镇江丹阳市延陵镇	膨大剂
8	5月19日	“雨润”烤鸭	陕西渭南市政府	病变淋巴和脓包
9	5月24日	饮料	台湾新北市	邻苯二甲酸酯类塑化剂
10	5月25日	辣椒粉	重庆朝天门长途汽车站	罗丹明B
11	6月	食用油	新华视点	“地沟油”
12	7月18日	全聚德肉	北京市动物卫生监督所	无证驴肉
13	8月	血燕	浙江工商局	亚硝酸盐
14	9月15日	包子	北京	香精
15	10月17日	猪蹄	北京八里桥猪肉交易大厅	火碱、双氧水、亚硝酸钠
16	10月19日	“思念”三鲜水饺	河南郑州思念公司	金黄色葡萄球菌
17	11月2日	腐竹	湖南长沙市公安局	硼砂、乌洛托品以及“吊白块”等
18	11月9日	“立顿”铁观音	国家质检总局	稀土
19	12月	鸭血	江苏南京六合	膨大剂

资料来源：根据媒体资料综合整理形成。

8.2 理论框架与研究假设

本章的研究主要以计划行为理论与结构方程模型为分析工具，研究在食品安全网络舆情快速发展的背景下，影响公众对食品添加剂安全风险感知及其恐慌行为的主要因素。

8.2.1 计划行为理论与结构方程模型

计划行为理论由理性行为理论（Theory of Reasoned Action，TRA）逐步发展而来，核心的理论观点是人类的行为信念（Behavioral Beliefs）、规范信念（Normative Beliefs）与控制信念（Control Beliefs），这是界定人类行为的3个维度。行为信念、规范信念和控制信念产生行为意向，个体的行为意向越强烈，采取行动的可能性就越大。同时，计划行为理论是一个开放的模型，引入对行为意向或行为有重大意义的变量可使该模型更臻严密[①]。Ouellette J A. 和 Wood M.，Smith J R. et al 研究证实，过去行为与行为态度、主观规范、知觉行为控制3个变量共同作用于行为意向和实际行为。个体自身特征与社会文化特征等通过影响行为理念，也间接影响行为态度、主观规范和知觉行为控制，并最终影响行为意向和行为[②③]。因此，过去行为和公众自身特征因素能够被引入计划行为理论模型中。

基于上述分析，由于公众对食品添加剂安全风险的感知和由此可能产生的恐慌行为是人类的行为信念、规范信念及控制信念产生的

① Ajzen I.，"The Theory of Planned Behavior"，*Organizational Behavior and Human Decision Process*,1991(5):pp.179-211.

② Ouellette J A, Wood M,"Habit and Intention in Everyday Life: The Multiple Processes by Which Past Behavior Predicts Future Behavior"，*Psychological Bulletin*, 1998, 124(1): pp.54-74.

③ Smith J R, Terry D J, Manstead A S R, Louis W R, Kotterman D, Wolfs J, "Interaction Effects in the Theory of Planned Behavior: The Interplay of Self-Identity and Past Behavior" , *Journal of Applied Social Psychology*,2007,37(11): pp.2726-2750.

行为意向与可能的行为举措，因而应该符合计划行为理论。由此假设，行为态度、主观规范、知觉行为控制、过去行为和自身特征分别在不同程度上影响公众对食品添加剂安全风险的感知，且对其恐慌行为造成影响。进一步分析，行为态度反映公众对食品添加剂安全状况的评价程度以及对食品添加剂信息的关注度；主观规范体现网络媒体（网络舆情）、亲戚朋友与社会团体等的行为给公众的食品添加剂安全风险感知及其恐慌行为带来的影响；知觉行为控制描述在食品添加剂安全事件爆发后公众自身预期的可以控制的程度；公众的过去经历、知识积累和受教育程度、性别、年龄以及家里是否有未成年孩子等因素，分别从过去行为、自身特征两个维度影响公众对食品添加剂的风险感知，并反映对诱发的恐慌行为可能产生的影响。

结构方程模型（Structural Equation Model，SEM）是 20 世纪 70 年代由 Karl Joreskog 和 Dag Sorbom 等人提出，为研究难以直接测量的变量间的关系提供了科学的分析工具，目前已被广泛地应用于心理学、管理学、社会学等诸多领域中①。在结构方程模型中包含潜变量（Latent Variable）和显变量（Manifest Variable）两类主要变量，潜变量是无法直接测量的变量，而显变量则是能够直接测量的变量。基于计划行为理论，人类的行为受其行为意向的指引，行为意向越强烈，采取行动的可能性就越大。滥用食品添加剂引发的公众恐慌行为必然受其情绪活动的指引，是其食品添加剂安全风险感知付诸行动的具体体现。由于公众对食品添加剂安全风险的感知无法直接测量，可以采用“受访者的情绪反应、采取过激行为的可能性”等可直接测量的指标，来考察公众的恐慌行为。

① 林嵩、姜彦福：《结构方程模型理论及其在管理研究中的应用》，《科学与科学技术管理》2006 年第 2 期，第 38—41 页。

8.2.2 研究假设

基于计划行为理论与结构方程模型，本章提出如下假设：

(1)行为态度

Tobias Stern et al. 在澳大利亚的研究表明，受访者的行为态度与其了解的食品添加剂的知识有关，对受访者进行食品添加剂相关知识的引导能有效地影响其购买态度，提高其对食品添加剂的正面评价①。Observa、Rosati、Saba 和 Lobb et al. 的研究发现，受访者如果对食品生产者和消费者保护机构的信任度比较低，其风险感知将会受到影响并可能产生更大的心里恐慌②③④。由此假设：

H_1：行为态度对公众的食品添加剂安全风险感知与可能产生的恐慌行为具有影响。

(2)主观规范

符国群等人研究认为，家庭、参照群体等的行为将通过各种信息传播渠道影响受访者个体的感知与行为⑤。Sharlin 的研究表明，媒体对于食品安全事件的夸张报道可能会引起公众过激的情绪反应⑥。相对于提供食品安全的正面信息，提供负面信息的机构或个人更易为公众所接受，因此，大众媒体更有动机提供负面信息。当出现负

---

① Tobias Stern, Rainer Haas, Oliver Meixner, "Consumer Acceptance of Wood-Based Food Additives", *British Food Journal*, 2009,111(2):pp.179-195.

② Observa, Biotecnologie,"Democarzia e Governo dell' Innovazione. Terzo Rapporto su Biotecnologie e Opinione Pubblica in Italia", *Fondazione Giannino Bassetti Maggio*,2003(6):pp.6-14.

③ Rosati S, Saba A,"The Perception of Risks Associated with Food-Related Hazards and the Perceived Reliability of Sources of Information",*International Journal of Food Science and Technology*, 2004(39):pp.491-500.

④ Lobb A E, Traill W B, Mazzocchi M, McCrea M," Food Scares and Trust: A European Study", *Journal of Agricultural Economics*, 2008.59(1):pp.2-24.

⑤ 符国群、佟学英:《品牌、价格和原产地如何影响消费者的购买选择》,《管理科学学报》2003 年第 12 卷第 6 期，第 80—84 页。

⑥ Shim S M, Seo S H, Lee Y, Moon G I, Kim M S,Park J H.Consumers, "Knowledge and Safety Perceptions of Food Additives: Evaluation on the Effectiveness of Transmitting Information on Preservatives", *Food Control,* 2011(22):pp.1054-1060.

面信息时，即使在没有科学证据的情形下，公众对食品安全的信心也由此大幅下降[①]。刘文等人也指出，媒体、网民等主体通过互联网对食品安全事件的报道、评论和转载，会在公众认知、情感和意志的基础上，对公众的行为产生一定的影响[②]。此外，王来华认为网络舆情倾向于问题揭露与现实批判，具有突发性，传播容易出现群体极化倾向，能够形成更大的群体压力[③]。由此假设：

H_2：主观规范对公众的食品添加剂安全风险感知与可能产生的恐慌行为具有影响。

（3）知觉行为控制

Daniel A. Devcich et al. 调查发现，比较关注身体健康的群体更偏向于选择添加带健康有疾病预防特性的功能性食品，并不是那些带风险减少特性的食品[④]。Brewer 研究发现，越是认为政府监管食品安全的措施无效的受访者，越认为食品添加剂存在风险且越抵制含添加剂的食品[⑤]。而 Brewer 和 Rojas 研究证实，政府的食品安全监管措施越有力，受访者就越信任含有添加剂饲料的动物产品的安全性[⑥]。由此假设：

H_3：知觉行为控制对公众的食品添加剂安全风险感知与可能产生的恐慌行为具有影响。

---

① M.W.Verbeke, P.van Kenhove J,"Impact of Emotional Stability and Attitude on Consumption Decisions under Risk: The Coca-Cola Crisis in Belgium", *Joural of Health Communication*, 2002 (7):pp.455-472.

② 刘文、李强：《食品安全网络舆情监测与干预策略研究》，见 http://zhengwen.ciqcid.com/lgxd/50415.html。

③ 王来华：《舆情研究概论：理论、方法和现实热点》，天津社会科学院出版社 2003 年版。

④ Daniel A.Devcich, Irene K.Pedersen, Keith J.Petrie, "You Eat What You Are: Modern Health Worries and the Acceptance of Natural and Synthetic Additives in Functional Foods", *Appetite*, 2007(48):pp.333-337.

⑤ Brewer, "Self-Control Relies on Glucose as a Limited Energy Source: Willpower Is More Than a Metaphor", *Journal of Personality and Social Psychology*,2007,92, (2):pp.325-336.

⑥ Brewer M S, Rojas M,"Consumer Attitudes toward Issues in Food Safety", *Journal of Food Safety*, 2008(28): pp.1—22；*Food Control*, 2011(22):pp.1054-1060.

（4）过去行为

Williams et al. 调查发现，诸多受访者对食品添加剂的不信任是由过去食品添加剂知识的缺乏、不完整甚至信息错误所致①。Wansink 和 Chan 的研究结果支持了上述观点。Mclniosh et al. 研究发现，受访者如果过去遭遇过食品危害事件，就能够为后续的食品消费选择积累一定经验②。这与 Rojas 和 Brewer 得出的曾经患过食品源性疾病的人群更加担忧食品添加剂安全性的研究结论相似③。由此假设：

H_4：过去行为对公众的食品添加剂安全风险感知与可能产生的恐慌行为具有影响。

（5）自身特征

Thesis 在研究受访者对鲜切水果、蔬菜使用可食用的保护膜（储藏类添加剂）的态度时发现，年轻的个体对可食用保护膜的风险感知敏感，且女性更倾向于使用④。Kariyawasam 对具有不同安全信息属性的鲜牛奶的接受程度的调查发现，年轻、收入高和受教育程度高的女性受访者更倾向于购买食品添加剂含量低的牛奶⑤。Gregory 的研究结果也表明，个体的性别、年龄、家庭中是否有 12 岁以下孩子等特征因素，对其食品安全认知水平具有重要的影响⑥。由此假设：

---

① Williams P, Stirling E, Keynes N, "Food Fears: A National Survey on the Attitudes of Australian Adults about the Safety and Quality of Food", *Asia Pacific Journal of Clinical Nutrition*, 2004,13(1):pp.32-39.

② Mclniosh A, Mcdowell M, MeNutt S,"Assuring Quality for National Health and Nutrition Exmaination Surver Dietary Coding", *Jounral of the American Dietetic Association*,1994(9):pp.76-89.

③ Rojas M, Brewer S,"Effect of Natural Antioxidants on Oxidative Stability of Cooked, Refrigerated Beef and Pork", *Journal of Food Science*,2007(72):pp.282-288.

④ Thesis A,*Consumer Perception and Application of Edible Coatings on Fresh-Cut Fruits and Vegetables, Louisiana State*,Louisiana State University and Agricultural and Mechanical College, 2003.

⑤ Kariyawasam S, Jayasinghe-Mudalige U, Weerahewa , "Use of Caswell' s Classification on Food Quality Attributes to Assess Consumer Perceptions towards Fresh Milk in Tetra-Packed Containers", *The Journal of Agricultural Sciences*, 2007,3(1):pp.43-54.

⑥ Gregory A.Baker, "Food Safety and Fear: Factors Affecting Consumer Response to Food Safety Risk", *Food and Agribusiness Management Review*,2003,6(1):pp.1-11.

H_5：公众的自身特征对其食品添加剂安全风险感知与可能产生的恐慌行为具有影响。

（6）交互作用

计划行为理论的3个变量间存在两两相关关系，且过去行为与计划行为理论的3个主要因素间存在交互作用，两两间相关性显著[①]。公众的自身特征变量与计划行为理论中的3个变量和过去行为变量间不仅具有两两相关性，而且共同作用于行为意向和实际行为。由此假设：

H_6：公众的行为态度、主观规范、知觉行为控制、过去行为与其自身特征之间存在两两交互作用，共同影响公众对食品添加剂安全风险的感知并作用于恐慌行为。

基于上述理论和研究假设，本章构建的假设模型如图8—1所示。

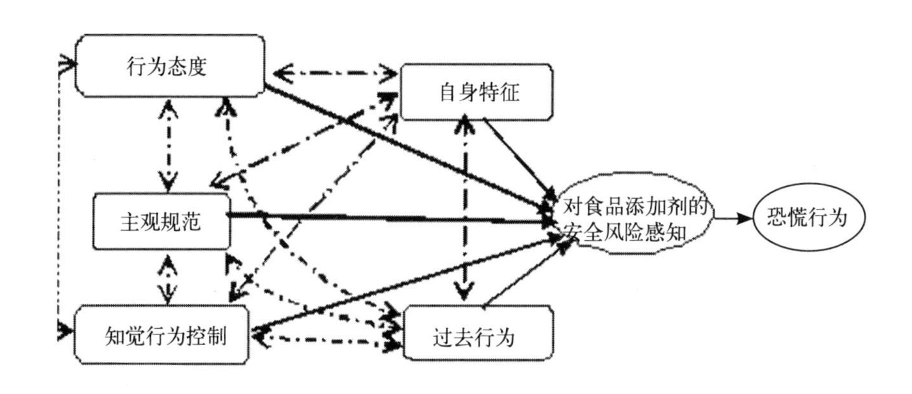

图8—1　公众的食品添加剂安全风险感知以及由此引发的恐慌行为影响因素的假设模型

① Conner M, Armitage C J, "Extending the Theory of Planned Behavior: A Review and Avenues for Further Research", *Journal of Applied Social Psychology*, 1998, 28 (15): PP.1429-1464.

8.3 研究的具体设计

8.3.1 样本选取

食品添加剂滥用引发的公共安全事件爆发后，公众对于食品添加剂安全风险的感知与其科学素养密切相关。经济社会较为发达城市的居民，其总体的科学素养相对较高。江苏省苏州市是我国经济社会发展水平最高的城市之一，其居民群体对包括添加剂风险在内的食品安全风险的感知可能相对强烈。本研究采用问卷调查的形式，以苏州市的城市居民为对象，在预调查的基础上，由经过训练的调查员在超市的食品购买处随机选择消费者，采用一对一直接访谈的方式进行调查并完成答卷。调查在 2011 年 12 月 14 日—16 日进行，发放问卷 220 份，有效问卷 209 份，问卷有效率为 95%。

8.3.2 问卷设计

为保证调查问卷具有良好的内容效度，达到验证图 8—1 假设模型的目的，问卷的设计主要是基于计划行为理论与相关研究文献，共设置 22 个测度指标变量(表 8—2)，力求涵盖解释变量的所有信息。基于预调查的实际，考虑到普通公众对食品添加剂知之甚少，为便于研究，本章主要以牛奶中的防腐剂为例，考量公众对食品添加剂安全风险的感知与可能产生的恐慌行为。

表8—2　假设模型变量表

潜变量	可测变量		
维度名称	维度名称	符号	变量取值
自身特征（SELF）	年龄	AGE	18—29岁=1，30—59岁=2，大于60岁=3
	性别	GEND	男=1，女=2
	受教育水平	EDU	初中及以下=1，高中及职业高中=2，大专=3，本科=4，研究生=5
	家庭平均月收入	INCM	1000元及以下=1，1001—3000元=2，3001—6000元=3，6001—9000元=4，9001—15000元=5，15001—25000元=6，25000元以上=7
	家中是否有18岁以下小孩	KID	否=1，是=2
行为态度（ATTI）	食品添加剂已成为安全隐患的重大因素	HARM	1=很不认同，2=不认同，3=比较不认同，4=中立，5=比较认同，6=认同，7=很认同
	人工合成的食品添加剂是有害的	RGHC	1=很不认同，2=不认同，3=比较不认同，4=中立，5=比较认同，6=认同，7=很认同
	常常关注食品中添加剂含量等方面的信息	INFM	1=很不认同，2=不认同，3=比较不认同，4=中立，5=比较认同，6=认同，7=很认同
	对国内食品生产和食品市场缺乏信心	LCFI	1=很不认同，2=不认同，3=比较不认同，4=中立，5=比较认同，6=认同，7=很认同

续表

潜变量	可测变量		
维度名称	维度名称	符号	变量取值
主观规范（SN）	网络舆情对购买含添加剂的食品的影响程度	MEDI	1= 很小，2= 小，3= 较小，4= 中立，5= 较大，6= 大，7= 很大
	亲戚、朋友的看法对购买含添加剂的食品的影响程度	FRID	1= 很小，2= 小，3= 较小，4= 中立，5= 较大，6= 大，7= 很大
	企业的品牌信誉对购买含添加剂的食品的影响程度	BRAD	1= 很小，2= 小，3= 较小，4= 中立，5= 较大，6= 大，7= 很大
	政府出台的相关政策对购买含添加剂的食品的影响程度	REGU	1= 很小，2= 小，3= 较小，4= 中立，5= 较大，6= 大，7= 很大
知觉行为控制（PBC）	政府对食品添加剂使用的监管力度	JGWX	1= 很小，2= 小，3= 较小，4= 中立，5= 较大，6= 大，7= 很大
	包装上注明的防腐剂的信息对食品添加剂的理解影响程度	BZXI	1= 很小，2= 小，3= 较小，4= 中立，5= 较大，6= 大，7= 很大
过去行为（FB）	自身健康状况	HEAL	1= 很不健康，2= 不健康，3= 比较不健康，4= 一般，5= 比较健康，6= 健康，7= 很健康
	过去对食品添加剂知识的掌握程度	KNOW	1= 很不熟悉，2= 不熟悉，3= 比较不熟悉，4= 一般，5= 比较熟悉，6= 熟悉，7= 很熟悉
	自身的过去经历使其不购买含有添加剂的食品	EXPE	1= 很不认同，2= 不认同，3= 比较不认同，4= 中立，5= 比较认同，6= 认同，7= 很认同

续表

潜变量	可测变量		
维度名称	维度名称	符号	变量取值
恐慌行为（BEHA）	后果的严重性	HGYZ	1= 完全不严重，2= 不严重，3= 不太严重，4= 中立，5= 比较严重，6= 严重，7= 很严重
	情绪反应	QXFY	1= 完全不愤怒，2= 不愤怒，3= 不太愤怒，4= 中立，5= 比较愤怒，6= 愤怒，7= 非常愤怒
	采取过激行为的可能性	GJXW	1= 完全不可能，2= 不可能，3= 不太可能，4= 中立，5= 比较可能，6= 可能，7= 非常可能
	对国内食品市场的信心	SCXI	1= 非常没信心,2= 没信心,3= 不太有信心，4= 中立，5= 比较有信心，6= 有信心，7= 非常有信心

8.3.3　受访者基本特征

调查问卷的统计显示，受访者年龄在 20—60 岁的占 83.7%，大专以上学历所占的比例为 68.3%，女性比例为 42.1%；家庭人口数以 3—5 人为主，所占比例为 80% 左右，且约 50% 的受访者家中有 18 岁以下的未成年人；56.5% 的受访者家庭月平均收入超过 6000 元。受访者的样本基本特征与苏州市的人口特征基本吻合，反映了样本的随机性比较好，能够确保研究结论的可靠性。受访者的统计特征见表 8—3。

表8—3　受访者的基本统计特征

统计特征	分类指标	样本数(个)	百分比(%)
性别特征	男	121	57.9
	女	88	42.1

续表

统计特征	分类指标	样本数(个)	百分比(%)
年龄结构	18—29 岁	111	53.1
	30—59 岁	64	30.6
	大于 60 岁	34	16.3
婚姻状况	已婚	100	47.8
	未婚	109	52.2
学历状况	初中及以下	17	8.1
	高中或职业高中	49	23.4
	大专	54	25.8
	本科	82	39.2
	研究生	7	3.3
家庭人口数	1 人	6	2.9
	2 人	23	11.0
	3 人	75	35.9
	4 人	53	25.4
	5 人	34	16.3
	5 人以上	18	8.6
家中是否有 18 岁以下的未成年人	是	63	30.1
	否	146	69.9
家庭月平均收入水平	1000 元及以下	3	1.4
	1001—3000 元	29	13.9
	3001—6000 元	59	28.2
	6001—9000 元	66	31.6
	9001—15000 元	32	15.3
	15001—25000 元	9	4.3
	25000 元以上	11	5.3

8.3.4　公众的恐慌行为

基于前述的研究，在调查问卷中设置了受访者的情绪反应、采取过激行为的可能性、后果严重性判断、对国内食品市场的信心 4 个指标，以考察公众的恐慌心理，进而研究可能产生的恐慌行为。问卷的统计结果如表 8—4 所示。

表8—4 公众恐慌行为的描述性统计

后果的严重性	百分比（%）	情绪反应	百分比（%）	采取过激行为的可能性	百分比（%）	对国内食品市场的信心	百分比（%）
完全不严重	1.4	完全不愤怒	1.0	完全不可能	5.3	非常没信心	8.6
不严重	0.5	不愤怒	1.0	不可能	5.3	没信心	18.2
不太严重	2.4	不太愤怒	2.9	不太可能	15.8	不太有信心	30.1
中立	2.9	中立	7.7	中立	17.7	中立	23.9
比较严重	21.1	比较愤怒	23.9	比较可能	20.6	比较有信心	12.0
严重	22.5	愤怒	33.0	可能	23.0	有信心	5.3
很严重	49.3	非常愤怒	30.6	非常可能	12.4	非常有信心	1.9
合计	100.0	合计	100.0	合计	100.0	合计	100.0

由表 8—4 可知，由于近年来食品添加剂滥用引发的各种食品安全问题在我国反复出现，如果爆发食品添加剂滥用导致的安全事件，分别有超过 90%、87.5%、56% 和 56.9% 的受访者认为后果严重、情绪反应比较激烈、可能采取诸如上访等过激行为，并对食品市场的安全缺乏信心。

8.4 假设模型的验证

8.4.1 信度检验

选取克伦巴赫系数 α（Cronbach's Alpha）、折半信度系数（Split-Half Coefficient），运用 SPSS18.0 软件对表 8—1 中的样本数据进

行信度检验。结果显示，克伦巴赫系数 α 与折半信度系数分别为 0.746 和 0.642，表明样本数据内部一致性较高[①]。因子分析适当性检验的 KMO 值为 0.712[②]，且 Bartlett 球型检验的近似卡方值为 936.827，显著性水平小于 0.01，拒绝零假设[③]，表明原始变量间有共同因素存在，适合使用因子分析法。

8.4.2 因子分析法与变量指标确定

根据特征值大于 1 准则和碎石图检验准则，对表 8—1 中的所有变量数据运用主成分分析法抽取公因子，共获得 5 个公因子，并解释了 73.660% 的总方差[④][⑤]。通过最大方差正交旋转法得到表 8—5 的因子载荷矩阵。根据因子载荷值大于 0.5 的标准归纳出如表 8—5 中黑体所示的各个公因子的解释变量，可供命名的 5 个公因子恰好分别对应了计划行为理论中的行为态度、主观规范、知觉行为控制、过去行为和自身特征这 5 个维度。

---

① Guielford：Cronbach’s α 系数若大于 0.7 则表示信度很高；而小于 0.35 则属低信度，应予以删除。折半信度系数通常要符合大于 0.5 的标准。

② Kaiser：KMO（Kaiser-Meyer-Olkin）检验通过比较各变量间简单相关系数和偏相关系数的大小，判断变量间的相关性，偏相关系数远小于简单相关系数，相关性愈强，KMO 值愈接近 1。一般认为，KMO 值在 0.9 以上、0.8—0.9、0.6—0.8、0.5—0.6、0.5 以下，分别表示非常适合、比较适合、一般、不太适合与极不适合。

③ Cornish：Bartlett 球型检验是以相关系数矩阵为基础，其零假设是：相关系数矩阵是一个单位矩阵。

④ Jolliffe：公因子数一般以特征值大于 1 和碎石图为准，累计方差贡献率通常在 0.7—0.9 之间，视具体数据和应用而定。

⑤ Fabrigar、Jolliffe：探索性因子分析的目的是对复杂变量降维处理，累计方差贡献率表示公因子对总方差的解释能力，一般公因子越少越好。

表8—5　因子旋转后的载荷矩阵数值

成分	1	2	3	4	5
HARM	.072	.162	.293	.523	.116
RGHC	.367	.280	.535	.026	.016
LCFI	.089	**.798**	.120	.017	—.060
INFM	—.037	**.732**	.300	.043	.097
MEDI	**.835**	.049	.024	.058	.079
FRID	**.818**	—.053	.168	—.013	.022
BRAD	.457	—.091	—.159	.358	.055
REGU	.367	—.013	—.110	.160	—.087
JGWX	—.010	.360	—.013	**.774**	—.053
HEAL	.115	.063	.067	**.711**	—.030
BZXI	.180	.029	.308	.254	—.098
KNOW	—.195	—.053	**.718**	.287	—.088
EXPE	.077	.093	**.822**	—.078	.119
GEND	.213	.047	.050	.064	**.651**
AGE	.084	—.061	—.013	—.180	**.601**
EDU	.045	.048	—.193	.141	**—.664**
INCM	.122	.121	.055	.058	**.806**
KID	.057	.007	—.139	.317	**.753**

8.4.3　信效度检验与假设模型修正

对因子分析法归纳出的5个公因子再进行信度和效度检验，运用SPSS18.0软件得到的信度系数均在参考值内；采用因子分析法对样本数据结构效度进行评价，结果如表8—6所示，只有一个公因子且第一公因子的方差贡献率与因子载荷都超过0.5[①]，说明这5个维度具有良好的结构效度，证实了假设模型各维度结构合理，相应的指标变量得以确认，验证了公众因食品添加剂滥用引发的恐慌心理和由此造成的恐慌行为遵循计划行为理论。

① Nunnally和Bernstein，Kerlinger，Hair等人：因子分析法所抽取的公因子结构与调查问卷结构的一致性即为结构效度；仅一个公因子且贡献率与因子载荷大于0.5，即可认为有较好的结构效度。

表8—6 模型所涉数据的信度和结构效度检验

项 目	指标数目	克伦巴赫系数 α	折半信度系数	公因子数	方差贡献率（%）
整体分析	13	0.601	0.545	—	—
自身特征	5	0.528	0.680	1	51.28
主观规范	2	0.810	0.810	1	63.56
知觉行为控制	2	0.634	0.638	1	53.49
过去行为	2	0.638	0.639	1	62.28
行为态度	2	0.699	0.702	1	65.41

根据因子分析法抽取的公因子以及行为态度、主观规范、知觉行为控制、过去行为和自身特征这5个维度，修正图8—1的假设模型，可得到图8—2所示的路径图。

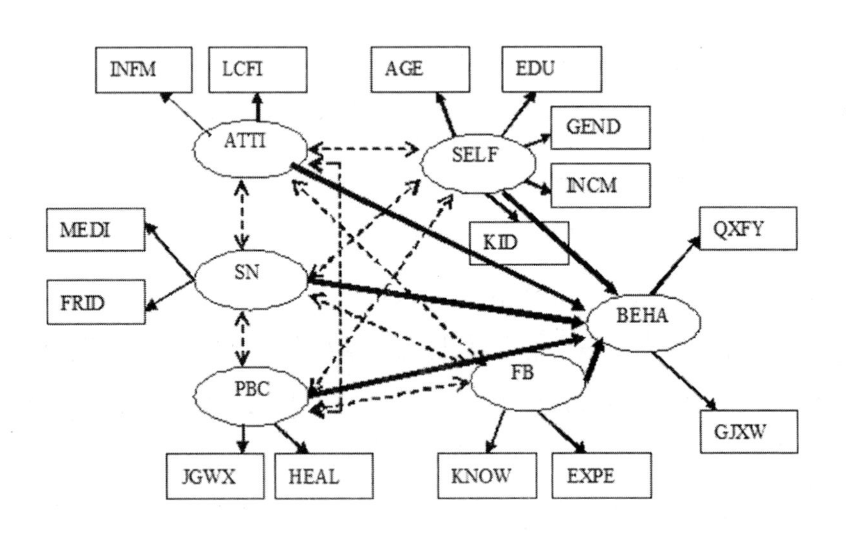

图8—2 修正后的结构方程模型路径图

8.4.4　参数检验与拟合评价

借助 AMOS18.0 分析软件对修正后的结构方程模型路径图（图 8—2）进行拟合，表 8—6 的拟合结果显示，假设模型并未出现违犯估计现象[①②]，可以进行整体模型适配度检验。表 8—7 中的假设模型整体拟合度检验结果显示，各个评价指标基本达到理想状态，模型整体拟合性较好，因果模型与实际调查数据契合，修正后的路径分析假设模型有效。

表8—7　SEM整体拟合度评价标准及拟合评价结果[③]

指数名称		评价标准	拟合值	拟合评价
绝对拟合指数	$\chi 2$ 值	P ＞ 0.05	93.909；P=0.106	理想
	GFI	＞ 0.90	0.944	理想
	RMR	＜ 0.05	0.069	接近
	RMSEA	＜ 0.05	0.031	理想
	AGFI	＞ 0.90	0.914	理想
相对拟合指标	NFI	＞ 0.90	0.849	接近
	IFI	＞ 0.90	0.971	理想
	TLI	＞ 0.90	0.958	理想
	CFI	＞ 0.90	0.969	理想

① Hair J F, Anderson R E, Tatham R L,*Multivariate Data Analysis,* Englewood Cliffs, N.J.: Prentice Hall, 1998.

② Byrne B M,*Structural Equation Modeling with Lisrel, Prelis & Simplis: Basic Concepts, Application and Programming* ,New Jersey: Lawrence Erlbaum Association, 1998.

③ 指标含义：拟合优度指数（Goodness of Fit Index,GFI）；均方根残差（Root Mean-Square Residual,RMR）；近似误差均方根（Root Mean Square Error of Approximation,RMSEA）；调整拟合优度（Adjust Goodness of Fit Index,AGFI）；标准拟合指数（Normed Fit Index,NFI）；增值拟合指数（Incremental Fit Index,IFI）；Tucker-Lewis 指数（Tucker-Lewis Index），亦称非标准化拟合指数（Non-Normed Fit Index,NNFI）；比较拟合指数（Comparative Fit Index,CFI）；赤池信息指标（Akaike' s Information Criterion,AIC）；一致赤池信息指标（Consistent Akaike Information Criterion,CAIC）；期望交叉验证指标（Expected Cross-Validation Index,ECVI）；简效标准拟合指数（Parsimonious Normed Fit Index,PNFI）；简效比较拟合指数（Parsimonious Comparative Fit Index,PCFI）；简效拟合度指标（Parsimonious Goodness of Tit）。

续表

指数名称		评价标准	拟合值	拟合评价
信息指数	AIC	理论模型值小于独立模型值和饱和模型值	177.909 < 650.732 177.909 < 240.000	理想
	CAIC	理论模型值小于独立模型值和饱和模型值	360.287 < 761.080 360.287 < 715.867	理想
	ECVI	理论模型值小于独立模型值和饱和模型值	0.855 < 3.129 0.855 < 1.154	理想
简效拟合指数	PNFI	> 0.50	0.630	理想
	PCFI	> 0.50	0.720	理想
	PGFI	> 0.50	0.614	理想
	χ2 自由度比	< 2.00	1.204	理想

表8—8 SEM变量间回归权重表①②

结构模型

路　径	参数估计值	标准误	临界比	标准化路径系数	P 值
恐慌行为 <———主观规范	0.246	0.066	3.752	0.281	***
恐慌行为 <———行为态度	0.317	0.095	3.349	0.348	***
恐慌行为 <———知觉行为控制	0.225	0.083	2.268	0.234	*
恐慌行为 <———过去行为	0.096	0.107	1.526	0.086	0.299
恐慌行为 <———自身特征	0.219	0.101	2.164	0.154	0.056

① index,PGFI。
* 表示 P 值小于 0.05，拟合结果显著。
** 表示 P 值小于 0.01，拟合结果显著。
*** 表示 P 值小于 0.001，拟合结果显著。

② 临界比 (Criticalratio, 简称 C.R.) 等于参数估计值与估计值标准误的比值，相当于 t 检验值。如果此比值的绝对值大于 1.96，则参数估计值达到 0.05 显著性水平；临界比之绝对值大于 2.58，则参数估计值达到 0.01 显著性水平。带“—”的四条路径表示其作为 SEM 进行参数估计的基准。

测量模型

续表

路径	参数估计值	标准误	临界比	标准化路径系数	P值
FRID<———SN	1.000	—	—	0.706	—
MEDI<———SN	1.463	0.323	4.527	0.974	***
KNOW<———PB	1.520	0.219	6.933	0.807	***
EXPE<———PB	1.000	—	—	0.536	—
LCFI<———ATTI	1.000	—	—	0.803	—
INFM<———ATTI	0.940	0.167	5.630	0.674	***
JGWX <———PBC	1.000	—	—	0.844	—
HEAL<———PBC	0.751	0.248	3.032	0.556	***
AGE<———SELF	1.000	—	—	0.091	—
INCM<———SELF	0.312	0.118	2.632	0.177	**
GEND<———SELF	—0.005	0.046	—0.108	—0.080	0.091
EDU<———SELF	—0.347	0.092	—3.764	—0.250	**
KID<———SELF	1.527	0.416	3.669	0.247	***
QXFY<———BEHA	1.000	—	—	0.875	—
GJXW<———BEHA	0.760	0.130	5.840	0.872	***

(1)结构模型的路径分析

表8—8显示，公众的行为态度、主观规范、知觉行为控制和自身特征等4个潜变量的标准化路径系数分别是0.348、0.281、0.234和0.154，说明上述4个潜变量对公众的食品添加剂安全风险感知以及由此引发的恐慌行为均具有显著的正向影响；而过去行为的标准化路径系数为0.086，未通过显著性检验，说明对恐慌行为的影响并不显著，研究假说并不成立。

•行为态度的标准化路径系数最大，表明对公众的影响行为最大。公众越是对国内食品市场缺乏信心，越是关注食品添加剂方面的信息，一旦爆发食品添加剂滥用事件，就越容易产生恐慌心理并可能采取过激行为。这一结论与 Tobias Stern 等人的研究结果类似，证实了假设 H_1 的成立。

• 主观规范的标准化路径系数为 0.281，通过显著性检验，假设 H_2 成立。由此表明在对食品添加剂相关知识知之甚少的情况下，公众自身的恐慌行为易受到网络舆情、亲戚、朋友等的影响。这与 Sharlin 和 MW. Verbeke 等人的研究结果一致。

• 知觉行为控制的标准化路径系数为 0.234，假设 H_3 得到验证。这表明食品添加剂滥用事件一旦爆发，公众自身预期可以控制的行为程度不仅受其健康状况的影响，而且还受诸如政府监管水平等其他因素的影响。这与 Wim Verbeke、Brewer 和 Rojas 的研究结论类似。

• 过去行为的标准化路径系数为 0.086，未通过显著性检验，假设 H_4 不成立，并与 Mclniosh、Hyochung Kim 和 Meera Kim 现有的研究结论相悖。在我国，公众的科学素养相对较低，普遍缺乏食品添加剂知识的积累，难以识别过去可能遭遇过的食品添加剂滥用所产生的危害，这是公众的过去行为对其恐慌行为的影响并不显著的基本原因。

• 自身特征的标准化路径系数为 0.154，通过显著性检验，假设 H_5 成立，这一结论与 Thesis、Gregory 和 Kariyawasam 等人的研究结果相类似。它说明公众的恐慌行为具有个体的差异性，性别、年龄、受教育程度、家庭收入与是否有未成年的孩子等因素均不同程度地影响公众的恐慌行为，但相对于行为态度、主观规范、知觉行为控制等，自身特征的影响程度较小。由此表明，公众对食品添加剂的风险感知及可能产生的恐慌行为并不因其年龄、受教育程度等的不同而具有明显的差异性。

（2）测量模型的因子载荷分析

载荷系数反映了可测变量对潜变量的影响程度。模型拟合的结果显示：

• 食品添加剂滥用事件爆发后，公众的情绪反应和过激行为这两个可测变量在反映公众恐慌行为潜变量上的标准化系数分别为0.875、0.872，影响程度高度一致且方向相同。

• 网络舆情对食品添加剂滥用事件报道的标准化系数为0.974，是主观规范潜变量中最显著的特征因素，这与Frewer、Jonge、Swinnen的研究结论类似。由于网络舆情传播的时效性强、传播手段新、传播周期短、单位时间内传播的信息量大，最易影响公众对食品安全事件的认知，进而引发公众的恐慌心理并产生恐慌行为。

• 公众对食品添加剂含量关注度的标准化系数为0.803，是行为态度潜变量中最显著的特征因素，表现为公众越担心食品添加剂安全，则越关注食品添加剂含量的信息。这与Tobias Stern、Bech—Larsen等人的研究结果吻合。

• 公众对政府的食品添加剂监管力度评价的标准化系数为0.844，是知觉行为控制潜变量中最显著的特征因素，表明公众在食品添加剂滥用事件爆发后对自身风险可控制的程度受政府监管水平的影响较大，越是认为政府监管不力，对风险的感知就越大，从而采取过激行为的可能性也越大。这与Brewer、Rojas等人的研究结果类似。

• 公众的受教育年限的标准化路径系数为—0.250，是公众自身特征中最显著的特征因素，表明公众的受教育年限越高，文化水平越高，对食品添加剂相关知识的了解程度越高，在食品添加剂滥用事件发生后，就越能理性地分析事件的严重性，采取过激行为的可能性也越小。这与Fischer、Kariyawasam的研究结果相似。

（3）外生潜变量间的交互作用

外生潜变量间的交互作用估计结果如表8—9所示。其中，过去行为与知觉行为控制的交互作用不显著，与行为态度的交互作用显著。这一结论显然符合客观事实。这是因为公众过去的经历与政府对食品添加剂的监管之间的相关性难以直接体现，而公众的过去经历则会影响其对食品添加剂的态度，促使其对食品添加剂的信息更加关注。行为态度与知觉行为控制、自身特征间的交互作用明显，这并不难理解，政府对食品添加剂的监管力度以及公众的性别、年龄、受教育水平、家庭收入状况、是否有未成年的孩子等因素，都会影响公众对食品市场的信心以及对食品添加剂信息的关注程度。此外，主观规范与知觉行为控制、行为态度以及自身特征之间的交互作用均通过了5%水平的显著检验。由此，本章H_6的假设大部分得以验证。

表8—9 外生潜变量的交互作用估计结果

路 径	参数估计值	标准误	临界比	P 值
行为态度 <——> 知觉行为控制	0.400	0.128	3.126	***
主观规范 <——> 知觉行为控制	0.136	0.114	1.196	*
过去行为 <——> 行为态度	0.284	0.120	2.374	***
主观规范 <——> 自身特征	0.134	0.071	1.897	*
自身特征 <——> 行为态度	0.399	0.138	2.883	***
过去行为 <——> 知觉行为控制	0.131	0.099	1.324	0.186
主观规范 <——> 行为态度	0.204	0.091	2.238	**

8.5 主要结论、政策含义与展望

8.5.1 主要结论

本章以实际调查数据为依据，运用计划行为理论与结构方程模型，研究了影响公众食品添加剂安全风险感知及其恐慌行为的主要因素。结论显示，公众的自身特征、行为态度、主观规范和知觉行为控制是影响其食品添加剂安全风险感知以及恐慌行为的主要因素，而且行为态度的影响最大，主观规范的影响显著，知觉行为控制的影响也较为明显。虽然过去行为与知觉行为控制间的交互作用并不显著，但公众的行为态度、主观规范、过去行为与知觉行为控制，以及过去行为、自身特征、主观规范与行为态度间的交互作用明显。可见，本章的研究假设大部分得到验证，计划行为理论对研究公众食品添加剂安全风险的感知和由此可能造成的恐慌行为具有相对普适性。本章的研究结论得到了 Mazzocchi M.et al 的支持。

8.5.2　政策含义

本章的研究结论具有丰富的政策内涵。目前，食品安全网络舆情传播产生的问题和负面影响已十分突出，公众恐慌是社会对重大食品安全危机事件的客观反映，但如果不及时控制传播和流行，对整个社会的危机事件管理将造成不良影响[①]，应关注食品安全网络舆情的公共性、危机性、随机性，避免引发相关的不良连锁反应[②]。因此，当务之急是建立有效的食品安全风险的交流机制，科学地传播信息，最大程度地遏制网络舆情对公众的误导；及时发布政府监管的信息及其展开的努力，恢复公众对食品市场的信心，逐步提高公众对恐慌行为的预期控制水平，强化科普教育，提升公众的科学素养等。这是我国政府制定和实施食品安全风险管理政策的核心。

---

① 张兰兰：《食品安全报道舆论监督的负面效应及其心理安抚——以“三鹿毒奶粉事件”和“蛆虫橘子事件”为例》，《洛阳师范学院学报》2009 年第 1 期，第 101—104 页。

② 言靖：《食品安全舆情视阈下的网络道德伦理建设》，《河南工业大学学报》2011 年第 2 期，第 22—25 页。

8.5.3 局限性与研究展望

本章的研究是基于食品添加剂滥用可能引发的安全事件对公众食品添加剂安全风险感知以及由此可能产生的恐慌行为而展开的，研究结论是基于我国经济与社会发达的苏州市的调查，对欠发达地区是否具有普遍适应性尚有待证实；受研究方法的局限，未能真实地反映公众恐慌行为的具体表现。后续的研究重点应持续且动态地研究不同地区的不同群体由食品添加剂滥用可能产生的恐慌行为，揭示公众恐慌行为的一般规律，为政府建立普遍有效的食品安全风险的交流机制提供决策参考。

主要参考文献

1. 王来华:《论网络舆情与舆论的转换及其影响》,《天津社会科学》2008 年第 4 期。

2. 王来华:《舆情研究概论——理论、方法和现实热点》,天津社会科学院出版社 2003 年版。

3. 王国华、汪娟、方付建:《基于案例分析的网络谣言事件政府应对研究》,《情报杂志》2011 年第 10 期。

4. 王战平、黄谷来:《Web2.0 时代网上公共危机诱因分析》,《情报科学》2011 年第 10 期。

5. 田卉、柯惠新:《网络环境下的舆论形成模式及调控分析》,《现代传播》,《中国传媒大学学报》2010 年第 1 期。

6. 乔·萨托利:《民主新论》,东方出版中心 1998 年版。

7. 伊丽莎白·诺尔—诺曼:《民意——沉默螺旋的发现之旅》,台湾远流出版公司 1994 年版。

8. 刘毅:《网络言论传播与民众舆情表达》,《电影评介》2006 年第 14 期。

9. 刘毅:《网络舆情研究概论》,天津社会科学院出版社 2007 年版。

10. 刘燕、刘颖：《高校网络舆情的特点及管理对策》,《思想教育研究》2009年第4期。

11. 孙颖、赵燕：《智能搜索引擎及其实现技术问题初探》,《海南师范大学学报（自然科学版）》2008年第21卷第4期。

12. 纪红、马小洁：《论网络舆情的搜集、分析和引导》,《华中科技大学学报（社会科学版）》2007年第6期。

13. 苏云升、周如俊：《网络舆情与思想政治教育》,《广东青年干部学院学报》2005年第12期。

14. 杜俊飞：《网络新闻学》，中国广播电视出版社2001年版。

15. 李志杰：《食品安全成为国内外关注的热点问题》,《领导文萃》2007年第10期。

16. 李彪：《网络舆情的传播机制研究——以央视新台址大火为例》,《国际新闻界》2009年第5期。

17. 吴林海、徐玲玲：《食品安全：风险感知和消费者行为——基于江苏省消费者的调查分析》,《消费经济》2009年第2期。

18. 吴绍忠、李淑华：《互联网络舆情预警机制研究》,《中国人民公安大学学报（自然科学版）》2008年第3期。

19. 言靖：《食品安全网络舆情视阈下的网络道德伦理建设》,《河南工业大学学报（社会科学版）》2011年第2期。

20. 张士坤：《微内容传播：两种舆论生成模式的冲突分析》，河北大学出版社2010年版。

21. 张兰兰：《食品安全报道舆论监督的负面效应及其心理安抚——以“三鹿毒奶粉事件”和“蛆虫橘子事件”为例》,《洛阳师范学院学报》2009年第1期。

22. 张克生：《国家决策：机制与舆情》，天津社会科学院出版社

2004 年版。

23. 张丽红:《试析网络舆情对网络民主的影响》,《天津社会科学》2007 年第 3 期。

24. 张秋琴、陈正行、吴林海:《生产企业食品添加剂使用行为的调查分析》,《食品与机械》2012 年第 2 期。

25. 张俊生:《传播学视阈下对食品安全信息的传播机制透析——从上海染色馒头事件说起》,《声屏世界》2011 年第 8 期。

26. 陈先天:《论新时期我国的对外新闻传播》,《新闻界》2002 年第 4 期。

27. 林嵩、姜彦福:《结构方程模型理论及其在管理研究中的应用》,《科学与科学技术管理》2006 年第 2 期。

28. 欧阳海燕:《近七成受访者对食品没有安全感》,《2010 ~ 2011 消费者食品安全信心报告》,《小康》2011 年第 1 期。

29. 凯斯 · 桑斯坦:《网络共和国——网络社会中的民主问题》,黄维明译,上海出版集团 2003 年版。

30. 岳泉:《信息传播的新媒介及其影响分析》,《情报科学》2007 年第 25 卷第 5 期。

31. 赵志立:《博客"热"的"冷"思考——对新闻博客的传播学解读》,《南京邮电大学学报(社会科学版)》2006 年第 8 卷第 2 期。

32. 郝英杰、马海红、赵治:《高校网络舆情引导工作实务研究》,《中国电力教育》2008 年第 12 期。

33. 栗晓宏:《风险社会视域下对食品安全风险性的认知与监管》,《行政与法》2011 年第 6 期。

34. 徐晓日:《网络舆情事件的应急处理研究》,《华北电力大学学报(社会科学版)》2007 年第 1 期。

35. 唐钧、林怀明:《食品安全事件——信息传播机制与危机公关策略》,《中国减灾》2009 年第 6 期。

36. 陶建杰:《完善网络舆情联动应急机制》,《当代行政》2007 年第 9 期。

37. 黄炜、殷聪:《网络群体性事件源信息演化机制研究》,《情报探索》2012 年第 5 期。

38. 符国群、佟学英:《品牌、价格和原产地如何影响消费者的购买选择》,《管理科学学报》2003 年第 12 卷第 6 期。

39. 喻国明、李彪:《2009 年上半年中国舆情报告》,《山西大学学报（哲学社会科学版）》2010 年第 3 期。

40. 曾长秋、吴仁喜、代海云:《近五年国内学者网络舆情研究述评》,《思想政治教育研究》2011 年第 8 期。

41. 曾润喜:《网络舆情管控工作机制研究》,《图书情报工作》2009 年第 18 期。

42. 谢金林:《网络空间政府舆论危机及其治理原则》,《社会科学》2008 年第 11 期。

43.Ajzen I, "The Theory of Planned Behavior", *Organizational Behavior and Human Decision Process*,1991(5).

44.Brewer M S, Rojas M,"Consumer Attitudes toward Issues in Food Safety ", *Journal of Food Safety*, 2008(28).

45.Brewer, "Self-Control Relies on Glucose as a Limited Energy Source: Willpower Is More Than a Metaphor ", *Journal of Personality and Social Psychology*,2007,92, (2).

46.Byrne B M,*Structural Equation Modeling with Lisrel, Prelis & Simplis: Basic Concepts, Application and Programming* ,New Jersey: Lawrence Erlbaum Association, 1998.

47.Conner M, Armitage C J, "Extending the Theory of Planned

Behavior: A Review and Avenues for Further Research" , *Journal of Applied Social Psychology*, 1998, 28(15).

48.Daniel A.Devcich, Irene K.Pedersen, Keith J.Petrie, "You Eat What You Are: Modern Health Worries and the Acceptance of Natural and Synthetic Additives in Functional Foods" , *Appetite*, 2007(48).

49.David L.Sturges, Bob J.Carrell,"Crisis Communication Management: the Public Opinion Node and Its Relationship to Environmental Nimbus" ,*Sam Advanced Management Journal*,2001.

50.Deffuant G, Neau D, Amblard F, et al, "Mixing Beliefs among Interacting Agents" ,*Advance Complex Sytem*,2000,3(1-4).

51.Gregory A.Baker, "Food Safety and Fear: Factors Affecting Consumer Response to Food Safety Risk" , *Food and Agribusiness Management Review*,2003,6(1).

52.Hair J F, Anderson R E, Tatham R L,*Multivariate Data Analysis, Englewood Cliffs,* N.J.: Prentice Hall, 1998.

53.Hegselmann R, Krause U, "Opinion Dynamics and Bounded Confidence Models, Analysis and Simulation" ,*Jounal of Arrificial Societies and Social Simulation*,2002,5(3).

54.Hegselmann R, Krause U, "Opinion Dynamics Driven by Various Ways of Averaging" ,*Compu. Econ*,2005,25(4).

55.Kaiser H F, "An Index of Factorial Simplicity" ,*Psychometrika*, 1974, 39.

56.Kariyawasam S, Jayasinghe-Mudalige U, Weerahewa , "Use of Caswell' s Classification on Food Quality Attributes to Assess Consumer Perceptions towards Fresh Milk in Tetra-Packed Containers" ,*The Journal of Agricultural Sciences*, 2007,3(1).

57.Li, Q., Liu, W., Wang, J., et al., “Application of Content Analysis in Food Safety Reports on the Internet in China” ,*Food Control*, 2011, 22(2).

58.Lobb A E, Traill W B, Mazzocchi M, McCrea M, “ Food Scares and Trust: A European Study” ,*Jouranl of Agricultural Economics*, 2008,59(1).

59. Lobb A E, Traill W B, Mazzocchi M, McCrea M,“ Food Scares and Trust: A European Study” , *Journal of Agricultural Economics*, 2008.59(1).

60.Mclniosh A, Mcdowell M, MeNutt S,“Assuring Quality for National Health and Nutrition Exmaination Surver Dietary Coding” , *Jounral of the American Dietetic Association*,1994(9).

61.M.W.Verbeke, P.van Kenhove J,“Impact of Emotional Stability and Attitude on Consumption Decisions under Risk: The Coca-Cola Crisis in Belgium” , *Joural of Health Communication*. 2002(7).

62.Observa, Biotecnologie,“Democarzia e Governo dell’ Innovazione. Terzo Rapporto su Biotecnologie e Opinione Pubblica in Italia” , *Fondazione Giannino Bassetti Maggio,*2003(6).

63.Ouellette J A, Wood M,“Habit and Intention in Everyday Life: The Multiple Processes by Which Past Behavior Predicts Future Behavior” , *Psychological Bulletin*, 1998, 124(1).

64.Rojas M, Brewer S,“Effect of Natural Antioxidants on Oxidative Stability of Cooked, Refrigerated Beef and Pork” ,*Journal of Food Science*,2007(72).

65.Rosati S, Saba A,“The Perception of Risks Associated with Food-Related Hazards and the Perceived Reliability of Sources of

Information" ,*International Journal of Food Science and Technology*, 2004(39).

66.Sehulze C.Sznaj,"Opinion Dunamics with Global and Local Neighbourhood" , *Mod Phys*,2004,15(6).

67.Shim S M, Seo S H, Lee Y, Moon G I, Kim M S,Park J H.Consumers, "Knowledge and Safety Perceptions of Food Additives: Evaluation on the Effectiveness of Transmitting Information on Preservatives" , *Food Control*, 201(22).

68.Smith J R, Terry D J, Manstead A S R, Louis W R, Kotterman D, Wolfs J, "Interaction Effects in the Theory of Planned Behavior: The Interplay of Self-Identity and Past Behavior" , *Journal of Applied Social Psychology*,2007,37(11).

69.Sznajd-Weron.K, Sznajd.J, "Opinion Evolution in Closed Community" , 2000,11(6).

70.Thesis A,*Consumer Perception and Application of Edible Coatings on Fresh-Cut Fruits and Vegetables*, Louisiana State :Louisiana State University and Agricultural and Mechanical College, 2003.

71.Tobias Stern, Rainer Haas, Oliver Meixner, "Consumer Acceptance of Wood-Based Food Additives" , *British Food Journal*, 2009,111(2).

72.Williams P, Stirling E, Keynes N, "Food Fears: A National Survey on the Attitudes of Australian Adults about the Safety and Quality of Food" ,*Asia Pacific Journal of Clinical Nutrition*, 2004,13(1).

后　记

在改革开放以前食品供应短缺的年代，公众最关注的主要是温饱问题的解决；在收入水平不断提高与食品市场供应极大丰富的21世纪，公众聚焦于食品质量安全。时下的中国，没有比食品质量安全的负面信息更能引发公众的焦虑甚至是恐慌心理的了。截止到《中国食品安全网络舆情发展报告》定稿时的2012年8月，中国媒体还连续曝出了方便面桶荧光物质超标、“张裕”葡萄酒农药残留致癌、乳品质量和安全水平与人民群众的期望相比还有较大差距等多档重磅事件，再次刺痛着公众对于食品质量安全的脆弱神经。实质上，这些食品安全网络舆情都不啻为一颗颗重磅炸弹，不但引发了高强度的舆论热潮，更给相关食品行业带来不可估量的经济损失。然而，目前在公众的视野中，食品生产者在某种意义上几乎成了“奸商”的代名词。对此，国际著名刊物《柳叶刀》(The Lancet)于2012年7月17日发表的《中国食品安全会对全球造成冲击》的评论性文章直截了当地指出：“中国食品问题在于商人为追求利益而非法添加有毒物质。”在此背景下，政府食品安全监管部门和食品安全与卫生专家的声音被公众接受的程度，往往比网络舆情甚至是谣言要低得多。拨开迷雾，我们深刻感受到在整个中国，食品安全网络舆情已经并正在进一步对食品产业、公众心态与社会管理等产生极其深远的影响。

关注就是力量，努力改变行业！“瘦肉精”、“塑化剂”、“地沟油”、“金黄色葡萄球菌”、“黄曲霉素”……一个个曾经陌生又让人感到惊悚的名词，记录着中国食品行业发展与食品安全管理中的各种问题。关于食品质量安全，我们从不是旁观者。为了中国食品行业更好地发展，为了社会舆论更加理性，经过研究团队的共同努力，今天终于将《中国食品安全网络舆情发展报告》付梓成书。本《报告》的研究宗旨，不是单纯对单一食品安全网络舆情事件作出简单的统计、分析，而是着眼于分析与揭示食品安全网络舆情的内生机理、传播机制、政府应对策略等，并综合运用科学的工具与方法，结合调查案例，研究公众对食品安全网络舆情的真实性评价、公众对食品安全网络舆情的参与度、食品安全网络舆情与公众的食品安全恐慌行为的关系等，力图向读者传递对食品安全网络舆情的理性思考，探究构建健康的食品安全网络舆情的思想和方法，使食品安全网络舆情成为公众参与食品安全管理的有效平台。

《中国食品安全网络舆情发展报告(2012)》，是由江南大学江苏省食品安全研究基地与南京邮电大学物联网产业发展研究基地为主完成的研究性学术专著。参加研究工作的主要有江南大学、南京邮电大学、中国人民大学、南京师范大学的年轻教授和博士等相关人员，他们是(以姓氏笔画为序)：山丽杰、刘永谋、刘静静、巩永华、吴治海、李宏伟、李峰、林萍、侯博、洪巍、洪小娟、钟颖琦、徐立青、徐玲玲、魏江茹等。我们对上述相关学者富有成效的努力，表示由衷的感谢。

在问卷调查组织、报告资料搜集、数据处理与研究成果最后汇总、图表制作、文字校对、格式调整等诸多环节中，江南大学和南京邮电大学的研究生丁帮兰、卜凡、王亦子、王红纱、王淑娴、吕煜昕、朱秋鹰、吴美蓉、张秋琴、李旻茜、陈凌云、赵佳、董汉芳等有关人员作出了积极的努力。

《中国食品安全网络舆情发展报告(2012)》也是2012年江苏省自然科学基金青年项目《基于复杂网络的食品安全网络舆情的演化机理与动力学仿真研究》(项目编号:BK2012126)的前期研究成果。在此，感谢江苏省科技厅的资助。

我们在研究过程中参考了大量的文献、资料，并尽可能地在书中一一列出，但也有疏忽或遗漏的可能。我们对被引用的文献作者表示感谢。

感谢人民出版社有关同志为出版本《报告》所付出的辛勤劳动。

《中国食品安全网络舆情发展报告(2012)》，由江南大学江苏省食品安全研究基地首席专家吴林海教授和南京邮电大学物联网产业发展研究基地副主任黄卫东教授共同负责总体设计、综合协调、确定大纲、逐章研究，并最终统稿完成。吴林海教授、黄卫东教授对整体报告的真实性、科学性负责。

《中国食品安全网络舆情发展报告》，从2012年起拟每1—2年出版一次，我们期待大家的批评与建议。

吴林海 黄卫东

2012年8月

责任编辑:侯　春
封面设计:徐　晖
版式设计:语丝工作室

图书在版编目(CIP)数据

中国食品安全网络舆情发展报告(2012)/吴林海 等著.
-北京:人民出版社,2013.1
ISBN 978-7-01-011414-9

Ⅰ.①中…　Ⅱ.①吴…　Ⅲ.①食品安全-互联网络-舆论-研究报告-中国-2012　Ⅳ.①TS201.6

中国版本图书馆 CIP 数据核字(2012)第 263866 号

中国食品安全网络舆情发展报告(2012)
ZHONGGUO SHIPIN ANQUAN WANGLUO YUQING FAZHAN BAOGAO

吴林海　黄卫东　等著

人民出版社 出版发行
(100706　北京市东城区隆福寺街 99 号)

北京新魏印刷厂印刷　　新华书店经销

2013 年 1 月第 1 版　2013 年 1 月北京第 1 次印刷
开本:710 毫米×1000 毫米 1/16　印张:17.75
字数:210 千字

ISBN 978-7-01-011414-9　定价:38.00 元

邮购地址 100706　北京市东城区隆福寺街 99 号
人民东方图书销售中心　电话 (010)65250042　65289539